国家出版基金项目
NATIONAL PUBLICATION FOUNDATION

"十四五"时期国家重点出版物出版专项规划项目

微波光子技术丛书

微波光子多学科协同设计与建模仿真

周　涛　潘时龙　瞿鹏飞　钟　欣　著

科学出版社

北　京

内 容 简 介

本书提出微波光子多学科协同设计思想与方法,首先从微波光子的跨域交叉融合出发,分析了其多学科特点,探讨了微波光子多学科协同设计的技术挑战;接着,基于微波光子多学科设计的内涵,将需求-功能-逻辑-物理(RFLP)系统工程论方法引入微波光子系统的设计中,形成了基于RFLP的微波光子系统仿真设计的一般方法。同时,深入研究了微波光子器件、处理单元和系统的建模方法,阐明了微波光子跨域特点和时空频多维映射原理,并以微波光子干涉仪系统模型为例,详细阐述了多学科协同设计和建模仿真的思路及方法;最后,本书探讨了不同专业工具所建立的异构模型的统一封装方法,并针对微波光子跨域带来的海量数据处理问题,探讨了多核心、多进程分布式并行计算方法对仿真效率提升的有效性。

本书可为微波光子学领域的研究学者和研究生提供参考及专业技术知识,同时可为其他相关专业方向的学生和研究学者提供参考。

图书在版编目(CIP)数据

微波光子多学科协同设计与建模仿真/周涛等著. —北京:科学出版社,2023.7

(微波光子技术丛书)

"十四五"时期国家重点出版物出版专项规划项目　国家出版基金项目

ISBN 978-7-03-074307-7

Ⅰ.①微…　Ⅱ.①周…　Ⅲ.①微波理论-光电子学-设计　Ⅳ.①TN201

中国版本图书馆 CIP 数据核字(2022)第 240345 号

责任编辑:惠　雪　梁晶晶　曾佳佳／责任校对:郝甜甜
责任印制:赵　博／封面设计:许　瑞

科学出版社 出版

北京东黄城根北街 16 号
邮政编码:100717
http://www.sciencep.com

三河市春园印刷有限公司印刷
科学出版社发行　各地新华书店经销

*

2023 年 7 月第　一　版　开本:720×1000　1/16
2025 年 1 月第三次印刷　印张:16 3/4
字数:317 000

定价:139.00 元
(如有印装质量问题,我社负责调换)

丛　书　序

　　微波光子技术是研究光波与微波在媒质中的相互作用及光域产生、操控和变换微波信号的理论与方法。微波光子技术兼具微波技术和光子技术的各自优势，具有带宽大、速度快、损耗低、质量轻、并行处理能力强以及抗电磁干扰等显著特点，能够实现宽带微波信号的产生、传输、控制、测量与处理，在无线通信、仪器仪表、航空航天及国防等领域有着重要和广泛的应用前景。

　　人类对微波光子技术的探索可回溯到 20 世纪 60 年代激光发明之初，当时人们利用不同波长的激光拍频，成功产生了微波信号。此后，美国、俄罗斯、欧盟、日本、韩国等国家和组织均高度关注微波光子技术的研究。我国在微波光子技术领域经过几十年的发展和技术积累，在关键元器件、功能芯片、处理技术和应用系统等方面取得了长足进步。

　　微波光子元器件是构建微波光子系统的基础。目前，我国已建立微波光子元器件领域完整的技术体系，基本实现器件门类的全覆盖，尤其是在宽带电光调制器、光电探测器、光无源器件等方面取得良好进展，由上述器件构建的微波光子链路已实现批量化应用。

　　微波光子集成芯片是实现微波光子技术规模化应用的前提，也是发达国家大力投入的核心研究领域。近年来，我国加快推进重点领域科研攻关，已在集成微波光子学理论、微波光子芯片的设计与制造、高精度光子芯片的表征测试等重点方向实现较大进步。

　　微波光子处理技术能够在时间域、空间域、频率域、能量域等多域内对微波信号进行综合处理，可直接决定微波光子系统感知、控制和利用电磁频谱的能力。目前，我国已在超低相噪信号产生、微波光子信道化、微波光子时频变换、光控波束赋形等领域取得了诸多优秀科研成果，形成了多域综合处理等创新技术。

　　微波光子应用系统是整个微波光子技术体系能力的综合体现，也是世界各国角力的核心领域。基于微波光子器件、芯片和处理技术的快速发展，我国在微波光子电磁感知与控制、微波光子雷达以及微波光子通信等关键核心系统技术方面取得显著成绩，成功研制出多型演示验证装置和样机。

　　此外，微波光子技术所需的设计、加工和测量技术与其他光学领域有着很大区别，包括微波光子多学科协同设计与建模仿真、微波光子异质集成工艺、光矢量分析技术、微波光子器件频响测试技术等方面。近年来，我国在上述领域也取得了较好的进展。

　　虽然微波光子技术的快速进步给新一代无线通信、雷达、电子对抗等提供了关键技术支撑，但我们也要清醒地看到，长期困扰微波光子技术领域发展的关键科学问题，包括微波光波高效作用、片上多场精准匹配、多维参数精细调控、多域资源高效协同等，尚未实现系统性突破，需要在总结现有成绩基础上，不断探索新机理、新思路和新方法。

　　为此，我们凝聚集体智慧，组织国内优秀的专家学者编写了这套"微波光子技术丛书"，总结近年来我国在微波光子技术领域取得的最新研究成果。相信本套丛书的出版将有利于读者准确把握微波光子技术的发展方向，促进我国微波光子学创新发展。

　　本套丛书的撰写是由微波光子技术领域多位院士和众多中青年专家学者共同完成，他们在肩负科研和管理工作重任的同时，出色完成了丛书各分册书稿的撰写工作，在此，我谨代表丛书编委会，向各分册作者表示深深的敬意！希望本套丛书所展示的微波光子学新理论、新技术和新成果能够为从事该技术领域科研、教学和管理工作的人员，以及高等学校相关专业的本科生、研究生提供帮助和参考，从而促进我国微波光子技术的高质量发展，为国民经济和国防建设作出更多积极贡献。

　　本套丛书的出版，得到了南京航空航天大学，中国科学院半导体研究所，清华大学，中国电子科技集团有限公司第十四研究所、第二十九研究所、第三十八研究所、第四十四研究所、第五十四研究所，浙江大学，电子科技大学，复旦大学，上海交通大学，西南交通大学，北京邮电大学，联合微电子中心有限责任公司，杭州电子科技大学等参与单位的大力支持，得到参与丛书的全体编委的热情帮助和支持，在此一并表示衷心的感谢。

中国工程院院士　吕跃广

2022 年 12 月

序

　　设计是人类开展创造活动的主动行为，是人类文明的重要基石。早在新石器时代，人类就已学会了通过"打样"和"模具"来提高生产成功率。一个完整的设计活动至少包含定义、设计、建模、仿真、验证等多个环节；其中，定义是对创造对象的目标和功能界定，设计是根据定义对创造对象由抽象化向具象化的细化过程，建模是基于设计要素对创造对象的科学化描述，仿真是在建模基础上对创造对象的效果预测，而验证是对仿真结果与创造对象的对比和优化。因此，现代化社会中设计已经成为科学研究和工业活动中不可缺少的关键活动。

　　但设计过程是复杂而艰巨的，方法的有效性、模型的精准度、仿真的效率都影响着设计的结果和产品的质量。随着现代科学技术的发展，越来越多的新技术是基于多学科交叉而产生的，交叉学科可以融合多个学科的优势，从而诞生新的物理特性和应用场景，但其为科学发展注入新生命力的同时，也极大地增加了多学科协同设计与建模仿真的难度。

　　微波光子学是目前国际上交叉学科的一个重要方向，它既扎根于微波和光波都是电磁波的物理统一特性，又充分发挥了微波、光波各自独特的优势，利用光子的宽带性、并行性、小巧性等特征，解决传统微波和电子技术难以解决的问题，已经在雷达、通信、电子战等多个领域里发挥了独特的作用。然而，微波光子学尚属于新兴领域，技术高歌猛进，设计建模方法却鲜有进步，一方面是因为缺少能够实现微波和光波跨域描述的统一模型，另一方面也缺少能够综合微波、光波、信号处理、热力电磁多物理场等多学科的方法与工具，严重影响了基于微波光子学的新型系统的设计和实现。

　　该书作者周涛博士及其团队长期以来一直从事微波光子学的技术研究，积累了较为丰富的技术基础和工程经验，也较早敏锐地感觉到了建模仿真对于微波光子学这样一个交叉学科发展的重要性。有鉴于此，作者在相关国家重大项目的支持下，结合自身多年的工程经验，组织撰写了《微波光子多学科协同设计与建模仿真》一书，其特色在于贯穿了从微波光子元器件到系统、从理论模型到工程实践等多个方面，既可以为广大研究微波和光波的工作者提供参考，也可以为微波光子技术的发展提供共性支撑。

张锡祥

中国工程院院士

前　　言

　　微波光子技术已成为国际上交叉学科的重要发展方向之一，由于其在电磁波的统一物理框架下融合了微波和光子各自的优势，可以显著提升瞬时带宽、传输距离、合成效率等关键性能，在雷达探测、无线通信、电子对抗、时频传递等领域发挥了重要的作用。同时，微波光子技术天生就是多学科融合的结果，由其构成的系统的多学科特性更是显著，对其设计实现就必然面临多学科深度交叉和难以协同的问题。以一个基于微波光子的分布式频谱监测系统为例，其中至少涉及电磁场、射频电路、光电子、波导光学、数字处理等学科，各学科的物理特性和描述体系不尽相同，信息在基于不同学科的单元之间传递时存在映射机理不清、影响规律不明等问题。同时，常规用于微波器件或光波导的专业设计工具相互之间缺乏桥梁衔接，且商用仿真工具对动态范围、交调、杂散等指标特性的关注不同，迄今为止尚无一种成熟的理论方法和设计工具能够满足微波光子技术的多学科协同设计与建模仿真需求。

　　因此，本书基于作者团队有限的认识和经验，探讨了微波光子多学科协同设计与建模仿真方法。全书共 6 章。其中，第 1 章简要介绍微波光子学的概念内涵和发展现状，从跨域交叉融合的特征出发分析了微波光子技术的多学科特点，并归纳了微波光子多学科协同设计面临的技术挑战。第 2 章阐述多学科协同设计的一般方法，分析微波光子多学科协同设计的内涵及特点，并给出基于需求-功能-逻辑-物理 (RFLP) 的微波光子多学科协同设计的一般方法和设计流程。第 3 章针对微波光子器件这一影响系统设计有效性和仿真逼真度的核心要素，分类阐述典型微波光子器件的建模方法，并探讨获取高逼真度所需的微波光子器件的参数表征和模型修正方法。第 4 章针对多样化微波光子处理单元的建模问题，按照时、空、频域对不同微波光子的处理方法进行分类，并以光学波束形成等处理单元为例，阐述了微波光子多域处理单元的时空频多域信息映射、模型构建和表征评估。第 5 章针对微波光子系统的协同设计与联合仿真，将 RFLP 协同设计方法与微波光子系统结合，打通了从元器件到系统的全流程仿真，并以微波光子干涉仪为例，阐述了微波光子系统的协同设计与建模仿真过程。第 6 章则侧重微波光子多学科异构模型封装与高效仿真方法研究，探讨对不同专业工具所产生的异构模型的统一封装和驱动方法，并针对微波光子跨域系统带来的庞大处理量问题，探讨仿真效率提升的方法与策略。

　　需要说明的是，微波光子和设计建模虽然是本书的两大关键词，但微波光子学的内涵非常丰富，设计建模也是各行各业中共性存在的庞大命题，本书虽有涉猎，但均难以充分展开。因此，本书主要聚焦典型的微波光子系统多学科协同设计问题，分别从基础器件、处理单元、典型系统等三个层次探讨微波光子相关的设计和建模方法，既可以为从事微波光子技术研究的科研人员提供参考，也可以为从事交叉领域设计工作的科研人员提供借鉴。此外，由于参考资料和文献较多，且作者和团队完成本书的时间跨度较长，虽然在书中需要引用的部分已经基本注明，但可能仍有遗漏、疏忽，请原创者多多包涵，并请及时告知，我们定将改进。

　　在本书的撰写过程中，得到许多同事和朋友的大力支持，在此特别表示感谢，没有团队成员的共同努力和创造性思维，本书很难付梓。感谢陈智宇、肖永川、孙岩、丁杰文、刘静娴、张博文、熊建伟等，他们分别在第 2~6 章的相关小节贡献了宝贵的研究经验；此外，还要特别感谢中国工程院院士张锡祥先生的关怀和热忱推荐，感谢中国电子科技集团公司第四十四研究所孙力军研究员对本书的指导和贡献，感谢南京航空航天大学朱丹教授对本书的建议，感谢科学出版社惠雪编辑在本书修改过程中的悉心指导和辛勤工作。

　　鉴于微波光子多学科协同设计仍是一个新兴技术领域，很多概念及理论尚未形成业界共识，也有很多新的技术和概念在不断发展。由于作者及团队的学识和经验有限，书中难免存在不妥之处，敬请广大读者和行业专家批评指正。

周　涛

2022 年 7 月于成都

缩 略 词

ADC(analog to digital converter)：模数转换器

AIAA(Aircraft Industries Association of America)：美国飞机工业协会

ALMA(Atacama Large Millimeter/submillimeter Array)：阿塔卡马大型毫米波/亚毫米波阵列

APD (avalanche photodiode)：雪崩光电二极管

ASE(amplified spontaneous emission)：放大自发辐射

ANN(artificial neural network)：人工神经网络

CAD(computer aided design)：计算机辅助设计

CAE(computer aided engineering)：计算机辅助工程

CAM(computer aided manufacturing)：计算机辅助制造

CAPP(computer aided process planning)：计算机辅助工艺过程设计

CDR (compression dynamic range)：压缩动态范围

CIMS(computer/contemporary integrated manufacturing systems)：计算机/现代集成制造系统

CO(collaborative optimization)：协同优化

CPU(central processing unit)：中央处理器

DCF(dispersion compensating fiber)：色散补偿光纤

DGD(differential group delay)：差分群时延

DSM(design structure matrix)：设计结构矩阵

EDFA(erbium-doped optical fiber amplifier)：掺铒光纤放大器

EDA(electronic design automatic)：电子设计自动化

ESM(electronic support measures)：电子支援措施

EWOCS(electronic warfare optically controlled subsystem)：电子战光控子系统

FMI(functional mock-up interface)：功能模型接口

F-P(Fabry-Pérot)：法布里-珀罗

FPGA(field programmable gate array)：现场可编程门阵列

FWHM(full width at half maximum)：半峰全宽

IIP3 (input third-order intercept point)：输入三阶截止点

LD(laser diode)：激光器

LO(local oscillator)：本振

MBSE(model based system engineering)：基于模型的系统工程

MORSE(multifunction optical reconfigurable scalable equipment)：多功能光学可重构扩展设备

MZI(Mach-Zehnder interferometer)：马赫-曾德尔干涉仪

MZM(Mach-Zehnder modulator)：马赫-曾德尔调制器

NF(noise figure)：噪声系数

OEO(opto-electronic oscillator)：光电振荡器

PBS(polarization beam splitter)：偏振分束器

PC(polarization controller)：偏振控制器

PD(photodetector)：光电探测器

PDM(product data management)：产品数据管理

PHODIR(photonics-based fully digital radar)：基于光子学的全数字雷达

PIN (positive-intrinsic-negative)：正-本-负

PSD(power spectral density)：功率谱密度

RF(radio frequency)：射频

RIN(relative intensity noise)：相对强度噪声

RFLP(requirement-function-logic-physics)：需求-功能-逻辑-物理

SFDR(spurious-free dynamic range)：无杂散动态范围

SNR(signal to noise ratio)：信噪比

TSE(text-based system engineering)：基于文本文档的系统工程

XML(extensible markup language)：可扩展标记语言

目　　录

第 1 章　微波光子学及其多学科特征

微波光子学是一门新兴的交叉学科,从名称可以直观地看出它关联了微波学和光子学。微波和光波都可以作为信息的载体,在能够相互转换的基础上,将微波和光波综合应用于信息系统中,能够提升系统的传输带宽、处理速率等。大量的系统应用研究进一步丰富了微波光子学的内涵,使其多学科融合的特征也更加突出。

本章首先简要介绍微波光子学的基本概念,继而对典型的微波光子器件和微波光子处理技术进行分类并简要介绍,阐释对微波学和光学的统一性和差异性,以及微波光子处理单元和微波光子系统中为何越来越明显地呈现出多学科融合特征的一些理解。最后,本章讨论微波光子多学科协同设计存在的问题和面临的主要挑战,并简要介绍本书第 2~6 章所要阐述的内容。

1.1　微波光子学的概念、发展及应用

1.1.1　微波光子学的基本概念

"微波光子学"概念的提出可以追溯到 1995 年。德国科学家 Jäger 结合其对行波光电器件的研究,首次提出了微波光子学的概念 [1]。根据 Jäger 的定义,微波光子学的早期概念是:研究工作于微波或者毫米波波段的高速光子器件,以及这些器件在微波或者光子系统中的应用。微波光子学经过多年的发展之后,Jäger 结合当时国际上的有关研究方向,对微波光子学的概念进行了完善,将其定义为:微波光子学是一个新兴多学科交叉领域,主要研究工作在微波或毫米波波段的高速光子器件及其在射频、微波、毫米波、太赫兹或光学系统中的应用 [2]。2009 年,加拿大渥太华大学的姚建平教授发表论文阐述了对微波光子学的理解 [3]:微波光子学是一个研究微波和光学信号相互作用的交叉学科,通过光学方法实现微波和毫米波信号的产生、分配、控制和处理。

根据上述概念,微波光子系统的主要处理过程可以用图 1.1 来示意。一个典型的微波光子系统,输入和输出是微波或电子信号,在中间环节则是通过电光互转换,在光域上完成微波信号的有关处理。

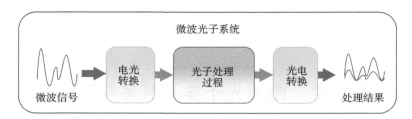

图 1.1　微波光子系统的主要处理过程示意图

　　与传统的微波和数字处理技术相比，微波光子处理具有宽带性、高速性、并行性、小巧性、电磁兼容性、抗干扰性和保密性等一系列优势，主要表现在以下几方面。

　　(1) 光波的本征频率很高：以典型的光通信波长 1550nm 为例，其中心频率约为 193.5THz，比典型微波、毫米波所在的 1~100GHz 频段高 3~5 个数量级。可见，任何宽带微波信号相对于光载频都可以视为窄带单频信号，因此在大多数光处理环节中可以忽略不同微波信号的响应差异，从而避免微波器件中幅频响应不平坦和色散等瓶颈问题，大大提高了系统对于宽带信号的适应能力。典型的例子是光学波束形成技术，利用光学真延时能够解决阵列波束在宽带宽角条件下的"歪头"效应，大幅提升了波束指向精度和瞬时带宽。

　　(2) 光能够并行传播互不干扰：在微波和电子系统中，电磁场和电子线路的互扰会影响系统性能。光波是电磁波，也服从衍射、干涉等电磁波效应，得益于光的波长比微波小 3~5 个数量级，因此在大部分毫米或厘米级的微波系统中，光的衍射和干涉效应可以忽略，这使得光可以同时处理多路信号，如用同一根光纤波分复用传输多个光载微波信号；若再进一步结合偏振复用、模式复用等技术能够方便地实现信号的并行处理，从而满足系统的阵列化应用需求。

　　(3) 光器件具有小型化优势：光波长典型值在百纳米到数微米之间，远远小于微波的毫米级至米级尺度，而绝大多数电磁场器件和波导的尺度都和波长正相关。以波导为例，微波中同轴波导至少在毫米 (mm) 量级，而常用的光纤波导，典型的单模光纤芯径只有 9μm。因此，理论上能够支撑更小特征尺寸的集成器件，集成化潜力远优于微波。通过光域处理微波信号，有望将芯片、器件的集成度提高 2~3 个数量级，并通过光互联在系统层级上实现更高水平的集成化和小型化。

　　(4) 光具有抗电磁干扰特点：光信号在波导或者光纤中传播时，通常基于介质波导和全反射效应，且光子本身不带电荷，一般情况下不易受到外界电磁辐射影响，自身也不易发生信号的泄漏，因此，基于微波光子技术实现的电子信息系统具有更好的电磁兼容性和抗干扰性。

1.1.2 微波光子器件

微波光子学中使用的器件种类很多,按照功能分类有光传输类、光处理类、光交换类、光放大类、电光转换类等。每一大类中根据原理、功能的不同又可以细分为很多种。由于篇幅和内容主题的关系,本节仅简要介绍电光转换类的典型基础器件,这类器件的功能是实现微波信号与光波信号的相互转换,是微波光子学中的核心器件,也是能够体现微波光子学交叉学科特点的器件。

微波信号转换为光波信号通常称为电光转换,属于信号调制过程。在微波光子学中,执行电光转换的器件主要有直调激光器和外调制器。光信号转换为微波信号通常称为光电转换,属于信号解调或者检波的过程。在微波光子学中,执行光电转换的器件主要是光电探测器。

1. 直调激光器

半导体激光器是常见的可用于电光转换的直调激光器,如图 1.2 所示。其基本原理是利用激光器的泵浦电流 I 与输出光功率 P 之间的关系,如图 1.3 所示。

图 1.2 直调激光器完成电光转换的示意图

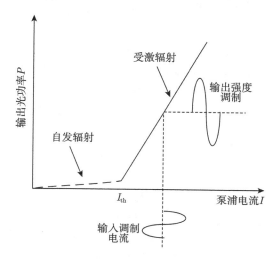

图 1.3 激光器的泵浦电流 I 与输出光功率 P 的关系曲线

在泵浦电流处于激光器的阈值 I_{th} 以下时,增大或减小泵浦电流均不能得到激光输出；当泵浦电流超过阈值之后，激光器的受激辐射过程建立，输出光功率 P 与泵浦电流 I 在达到饱和之前呈现较好的线性关系。

因此，将半导体激光器的泵浦电流按照输入微波信号的规律进行控制，就能够获得同样变化规律的激光输出，从而实现微波信号向光信号的转换。在直调激光器中，关联微波与光波的效应是半导体激光器的 $P\text{-}I$ 关系，更深层次的机理则是与激光器的受激辐射原理和载流子输运特性等有关，这些内容并不是本书的主要关注点，感兴趣的读者可以自行查阅相关文献。

2. 外调制器

外调制器处于激光器外部，微波信号在调制器内完成对直流光信号的调制，如图 1.4 所示。微波光子学中常用的调制器是基于电光效应和马赫-曾德尔干涉仪 (Mach-Zehnder interferometer，MZI) 结构的调制器，简称马赫-曾德尔调制器 (Mach-Zehnder modulator，MZM)，典型结构如图 1.5 所示。在外调制方式下，输入 MZM 的激光是不携带任何信息的直流激光。在调制器内部，激光功率被平均分为两路，其中一路的铌酸锂光波导两侧设置有金属电极，电极将输入的微波信号转换为电场施加到铌酸锂光波导上。当激光通过受电场影响的铌酸锂光波导时，光信号的相位发生相应的变化，而另一路光信号则不发生调制。随后，两路光信号重新合路，在光相位的相干叠加作用下，输出的激光发生不同程度的叠加或抵消，从而将微波信号的变化规律转换到光信号上，完成调制过程。

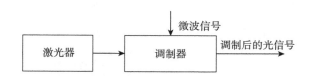

图 1.4　外调制器完成电光转换的示意图

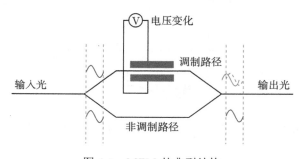

图 1.5　MZM 的典型结构

在图 1.5 所示的电光调制器 (electro-optical modulator, EOM) 中，关联微波与光波的效应是铌酸锂波导中的电光效应和 MZI 原理。而 MZM 的性能，如带宽、半波电压、插入损耗等，会受到波导材料、行波电极结构、电路结构、耦合封装等多方面因素的影响。

实际上，电光调制器结构的种类有很多。例如，去掉图 1.5 中下半部分的非调制光波导，仅保留上半部分的调制路径，就成为光相位调制器，这种调制器只能将微波信号转换为光信号的相位变化，而不能转换为幅度变化；又如，将两个 MZI 结构并行排布构成双平行 MZM，这种调制器能够实现更为复杂的调制样式。

此外，声光效应、磁光效应也能够实现电光转换，本书限于篇幅不再详述，读者可自行查阅相关文献。

3. 光电探测器

光电探测器的功能与直调激光器和外调制器相反，是将信号从光波转换回微波，即解调，其过程如图 1.6 所示。微波光子学中常用的光电探测器是基于半导体的 PIN 结构。当携带信号的激光照射到光电探测器的 PN 结上时，光电效应产生对应规律的载流子变化，在驱动电场的作用下，载流子发生输运并最终在电路中形成光电流，光电流的变化与输入的光信号上的功率变化规律相同，进而完成光信号向微波信号的转换。

图 1.6 光电探测器完成光电转换的示意图

在光电探测器中，关联微波与光波的效应是光电效应 [图 1.7(a)]。光电探测器的性能，如带宽、饱和功率、响应度、暗电流等，除了与半导体材料的特性直接相关外，还受到 PIN 结构 [图 1.7(b)]、电路性能等方面的影响。

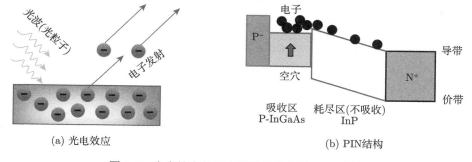

(a) 光电效应　　　　　　　　　　(b) PIN结构

图 1.7 光电效应与光电探测器的典型 PIN 结构

限于篇幅，本书仅对微波光子基础器件进行简要介绍，目的是使读者能够直观感受到微波光子学在基础器件层级就已经涉及多学科交叉的问题。而由于微波光子器件是构成任何微波光子系统的基本单位，所以对微波光子器件进行精确建模是支撑微波光子系统设计仿真的基础，尤其是电光转换、光电转换类器件的建模过程和建模参数同时涉及微波域和光学域，还需要解决跨域参数匹配、跨大尺度频段采样等问题。在本书的第 3 章中，将重点讲述微波光子器件的建模问题。

1.1.3　微波光子信号处理

微波光子信号处理是将微波信号转换为光信号之后，在光学域中完成信号处理过程，然后转换回微波域。如前面所介绍，在光学域进行信号处理可以获得宽带、并行、电磁兼容、设备小巧等优势，并且可以利用波长、偏振等更多可控的参量来实现处理功能的扩展，实现更为灵活的处理结构。

本节根据微波光子信号处理所影响的主要物理域，简要介绍其在时域、空域、频域和混合域的典型处理过程。

1. 微波光子时域处理

微波光子时域处理是将微波信号转换到光域，并通过特定的光路结构在时间域内对信号进行处理，如信号产生、积分、微分等，或者对信号中的时域参量进行调控，如延时控制。

在微波光子时域处理方面，图 1.8 给出一个基于色散处理和偏振态控制的微波光子时域微分器示意图。

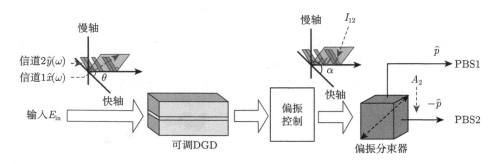

图 1.8　微波光子可重构时域微分器 [4]

DGD：差分群时延；PBS：偏振分束器

微波光子时域微分器的输入光信号为两个正交偏振态上的信号叠加，可以表示为

$$E_{\text{in}} = \begin{bmatrix} \hat{x}E_{\text{CH1}} \\ \hat{y}E_{\text{CH2}} \end{bmatrix} = \begin{bmatrix} \hat{x}A_{\text{CH1}}\exp \text{j}(\omega_c t + \phi) \\ \hat{y}A_{\text{CH2}}\exp \text{j}(\omega_c t + \phi) \end{bmatrix} \quad (1.1)$$

式中，$\hat{x}(\omega)$ 和 $\hat{y}(\omega)$ 分别表示正交的偏振态；A、ω_c 和 ϕ 分别是光载波的幅度、角频率和相位。

接着，上述输入信号进入一个差分群时延 (differential group delay, DGD) 色散介质中，调节信道 1 $\hat{x}(\omega)$ 的偏振方向与 DGD 色散介质的主轴夹角为 θ。当 θ 为 $\pm 45°$ 时，会得到

$$\tau \times \hat{x}(0) = \pm \Delta \tau \quad (1.2)$$

式中，τ 是差分群时延矢量；$\Delta \tau$ 是色散介质的差分群时延。

经过 DGD 色散介质的光信号通过偏振控制器进行偏振态的调节，并进入一个偏振分束器 (polarization beam splitter, PBS) 中，以实现两个正交偏振信号的分离。由于输入的微波光子信号具有一定的脉宽，信号在经过 DGD 色散介质时，其偏振态会随着频率的不同发生偏转。这意味着信道 1 中的一部分微波光子信号会耦合到信道 2 中，并从 PBS 的两个端口输出。假设 PBS 的两个端口的偏振态分别为 $\hat{p}$ 和 $-\hat{p}$，则有 $\hat{p} = \hat{x}(0) = -\hat{y}(0)$。那么，从信道 1 耦合进入 PBS2 端口的场强表达式为

$$\begin{aligned} I_{12}(\omega) &= \tilde{A}_{\text{CH1}}\tilde{A}_{\text{CH1}}^* <p|x><x|p> \\ &= \frac{1}{2}\tilde{A}_{\text{CH1}}\tilde{A}_{\text{CH1}}^*(1 + \hat{p} \cdot \hat{x}(\omega)) \end{aligned} \quad (1.3)$$

式中，$\tilde{A}_{\text{CH1}}$ 是输出信号的频谱幅度；$|p>$ 和 $|x>$ 分别是斯托克斯矢量 $\hat{p}$ 和 $\hat{x}$ 的傅里叶变换。值得注意的是，信号在色散中的传输属于时域处理范畴，式 (1.3) 使用频域表示是因为可以使读者更为直观地理解信号在色散介质中的演变过程。

根据式 (1.2) 的关系，式 (1.3) 可以进一步简化为

$$I_{12}(\omega) = \tilde{A}_{\text{CH1}}\tilde{A}_{\text{CH1}}^* \left(\pm\frac{\omega \cdot \Delta \tau}{2}\right)^2 \quad (1.4)$$

由于光电流和幅度遵守平方律的关系，即 $I_{12}(\omega) = \tilde{E}_{12}(\omega) \cdot \tilde{E}_{12}^*(\omega)$，则可以得到从信道 1 耦合到 PBS2 端口的信号幅度表达式为

$$\tilde{A}_{12} = \pm\text{j}(\omega \cdot \Delta \tau/2)\tilde{A}_{\text{CH1}} \quad (1.5)$$

从式 (1.5) 可知，如果忽略信道 2 内的信号损耗，则 PBS2 端口输出信号的完整表达式为

$$\tilde{A}_2(\omega) = \tilde{A}_{\text{CH2}}(\omega) \pm \text{j}\omega \cdot \Delta \tau \tilde{A}_{\text{CH1}}(\omega)/2 \quad (1.6)$$

将式 (1.6) 进行傅里叶逆变换，则 PBS2 端口输出信号在时域上的表达式为

$$A_2(t) = A_{\mathrm{CH2}}(t) \pm \frac{\Delta\tau}{2} \cdot \frac{\mathrm{d}A_{\mathrm{CH1}}(t)}{\mathrm{d}t} \tag{1.7}$$

最后，上述信号通过光电探测器就可以得到光电流，当满足 $(\Delta\tau/2)^2 \ll \Delta\tau$ 条件时，可得到信号的微分表达式：

$$I_{\mathrm{Diff}(\pm)} \propto \Re \cdot \left(|A_{\mathrm{CH2}}(t)|^2 \pm \Delta\tau A_{\mathrm{CH2}}(t) \frac{\mathrm{d}A_{\mathrm{CH1}}(t)}{\mathrm{d}t} \right) \tag{1.8}$$

其中，当入射到 DGD 色散介质的角度 $\theta = 45°$ 时，式 (1.8) 完成正微分功能；当 $\theta = -45°$ 时，式 (1.8) 完成负微分功能。通过调节光信号的偏振态，就实现了微波光子微分器的灵活重构。

微波光子微分器具有很多应用，一般来讲，光电探测器只能感知光脉冲的强度而不能感知其相位，而使用微波光子微分器可以从光强测量中恢复相位信息。微波光子微分器对光脉冲的复包络进行运算，输入脉冲的强度和相位都会影响输出的光强–时间曲线，从而实现相位信息的恢复，而这种相位恢复技术又可以精确地测量光器件的群时延和相频响应特性。

2. 微波光子空域处理

微波光子空域处理的典型范例是阵列天线的波束形成。在通信、雷达、电子战等应用中，波束形成是将若干个高一致性的单元天线按照特定的布局组成阵列，通过特定的方法对每个阵元的信号进行相位 (也可以是延时) 加权，再将信号合成到一起之后得到空间上特定指向的波束。波束形成本质上是一个空域滤波过程，可以类比频域上多抽头滤波器的原理。

在常规的微波相控阵系统中，信号相位加权是通过微波移相器来实现的，如图 1.9(a)[5] 所示。微波移相器的特点是对不同频率的移相值相同，即 $\Delta\phi_{\mathrm{shifter}} = C$，而外部输入信号在天线阵阵元之间的相位差如式 (1.9) 所示：

$$\Delta\phi_{\mathrm{antenna}} = 2\pi f \cdot \Delta t = 2\pi f \frac{d\sin\theta}{c_0} \tag{1.9}$$

式中，c_0 是真空中的光速；d 是相邻阵元之间的距离；θ 是信号相对于阵列法向的角度；f 是信号的频率。

不难看出，输入信号在阵元之间的相位差是随着频率 f 和信号入射角度 θ 而变化的。因此，微波移相器提供的相位补偿值 $\Delta\phi_{\mathrm{shifter}}$ 是恒定值，理论上只能针

对某个特定的频率来精确补偿阵元间的相位差 $\Delta\phi_{\text{antenna}}$，从而获得需要的波束指向 θ。对于其他频率，移相器提供的相位补偿值将不能完全补偿阵元间相位差，从而导致最终合成波束的形状和指向偏离设计值，这就是微波相控阵中常说的"波束偏斜"现象，如图 1.9(b) 所示。

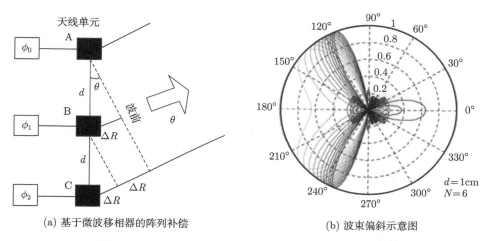

(a) 基于微波移相器的阵列补偿 (b) 波束偏斜示意图

图 1.9 基于微波移相器的阵列相位补偿方案及波束结果

与微波相控阵中对信号的相位进行加权不同，微波光子波束形成是通过控制光信号传输路径的长度对信号的延时进行加权 (延时与相位可相互映射)，如图 1.10[5] 所示，相邻阵元间通过延时差引入的相位差如式 (1.10) 所示：

$$\Delta\phi_{\text{TTD}} = 2\pi f \cdot \Delta t = 2\pi f \frac{n\Delta L}{c_0} \tag{1.10}$$

式中，n 是光传输介质的折射率；ΔL 是对相邻阵元的微波信号转换为光信号之后引入的传输路径的长度差。比较式 (1.10) 和式 (1.9) 可知，通过设置光传输路径的长度差如式 (1.11) 所示：

$$\Delta L = \frac{d\sin\theta}{n} \tag{1.11}$$

可以使内部相差 $\Delta\phi_{\text{TTD}}$ 与外部阵元间相位差 $\Delta\phi_{\text{antenna}}$ 具有完全相同的随频率变化的关系，从而在很宽的频段内实现精确的阵列相位补偿，避免宽带宽角条件下的波束偏斜问题。

值得指出的是，微波光子波束形成处理虽然对外表现出的是对空域参数的影响，但对内则是通过时域参数调控来实现的。而影响时域参数的方式中，除了光传输路径的长度以外，人们还提出了利用光学色散效应来控制信号延迟的方法。图 1.11 是一种面向信号发射的微波光子波束形成方案，该方案中对应每个天线单元的光传输路径分别采用了不同长度配比的普通光纤和色散补偿光纤 (dispersion compensating fiber，DCF)。由于色散量的不同，光载射频信号在每个传输通道中产生了不同的传输延时。而且当激光器的波长发生变化时，相邻通道之间的传输延时差还会发生变化，从而使天线阵的信号在输出口面上通过合成产生不同指向的波束。因此，通过调谐激光器的波长，就可以实现波束的角度扫描[6]。

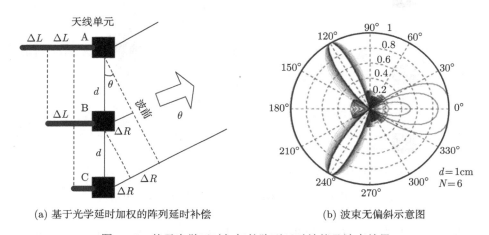

(a) 基于光学延时加权的阵列延时补偿　　　　　(b) 波束无偏斜示意图

图 1.10　基于光学延时加权的阵列延时补偿及波束结果

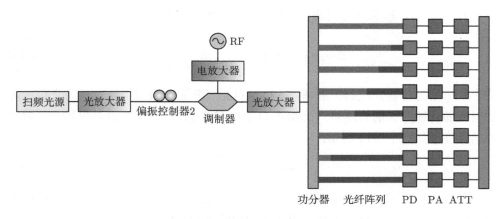

图 1.11　基于色散延时控制的微波光子波束形成方案示例

3. 微波光子频域处理

对信号进行频域处理，如变频、滤波、测频等，是电子系统中基础且重要的处理过程。利用微波光子学进行频域处理能够获得很多优势，例如，通过微波光子技术进行变频，比纯微波变频具有更宽的工作频段，且能够更有效地避免本振泄漏；通过微波光子技术进行滤波，能够结合光域调控手段实现可重构的滤波特性，具有灵活性比微波滤波器更高等优势。

熟悉电子系统的读者都了解，如果电子系统一次性处理信号的带宽过大，会受到电子器件性能的限制，例如，模数转换器 (analog to digital converter，ADC) 的速率和现场可编程门阵列 (field programmable gate array，FPGA) 的性能限制。而信道化技术是解决这方面问题的一种有效途径，其包含了滤波、变频等典型的频域处理过程，它将一个较宽的频带划分为若干个相对较窄的子频带，每个子频带的带宽都可以适应采样、量化和数字处理的性能，从而兼顾实现大带宽、大动态和同时多信号接收。

微波信道化系统的典型架构如图 1.12 所示，该系统需要配置若干个滤波器和变频器，往往设计难度大、结构复杂、规模庞大、成本高昂，且各信道间的一致性难以得到有效保证。

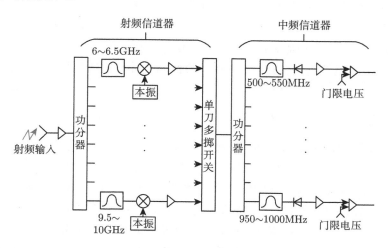

图 1.12　微波信道化系统的典型架构示意图

近年来，用微波光子信号处理技术实现信道化的研究成为国际上的热点，其中，采用比较广泛的一种方案是双光梳微波光子信道化处理，其原理图如图 1.13 所示 [7]。一路光梳用于调制信号，另一路光梳用于提供本振，将两路光梳的梳齿进行配对之后拍频，可以获得多路统一的中频信道输出。

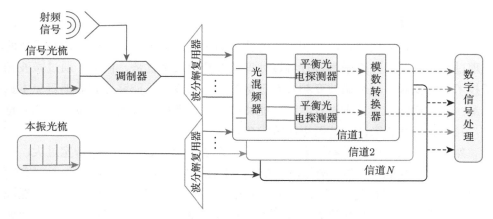

图 1.13　双光梳微波光子信道化处理的原理图 [7]

微波光子信道化处理的优势包含以下几个方面。

(1) 一个光梳组件就能够产生多个信道所需的多波长载波或者本振，且相互之间的一致性可以调控得非常好。

(2) 可以用一个带有周期性滤波通带的法布里-珀罗 (F-P) 滤波器来同时实现全部信号的滤波，而且 F-P 滤波器的通带一致性非常好。

(3) 光梳和 F-P 滤波器都是一个器件或组件完成多个信道的处理，相比常规微波信道化方案能够大幅度地降低系统的复杂度和规模。

(4) 每个信道都是光变频，光本振不会泄漏到输出的中频信号中，本振隔离度很好。

4. 微波光子混合域处理

除了以上具备明显的时域、空域和频域特征的处理技术以外，微波光子信号处理中也存在很多混合域处理的技术，典型范例是基于耦合光电振荡器 (coupled opto-electronic oscillator，COEO) 的微波光子信号产生。图 1.14 给出了一种基于 COEO 的微波光子信号产生原理示意图 [8]，不同于常规的纯射频振荡器和纯光学振荡器，COEO 的振荡环路一部分处于微波域，另一部分处于光学域，信号在环路中不断经历微波和光波相互转换，频域和时域相互转换。通过调控 COEO 内的元器件参数，不仅能够改变产生的微波信号的频率，而且还可以调控信号的扫频带宽与扫频脉宽等频域和时域参数。此外，基于 COEO 的微波信号产生还有一大优点是具有更高的信号纯净度，文献 [8] 实现了 10GHz 信号边模抑制比为 90dB 的高性能微波源，在通信、雷达、电子战等系统中都有望作为高性能本振源。

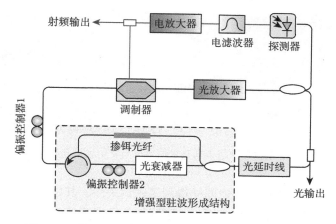

图 1.14 基于 COEO 的微波光子信号产生原理示意图

由于本书的主题并不是讲述微波光子信号处理的原理，因此仅仅挑选了个别具有代表性的微波光子时域、空域和频域处理过程来向读者展示微波光子信号处理的一些特点和优势。从这些典型范例中，可以看到在微波光子信号处理技术中综合运用了微波、光学、数字等方法，因此具有十分明显的多学科融合特点。在对某项微波光子处理技术进行原理验证、性能优化等研究中，多学科协同的设计和仿真能力无疑将具有十分重要的作用。

1.1.4 微波光子学的系统应用

微波光子学从诞生伊始，就与电子系统中的高速信号传输密切相关，后续则进一步向着信号的宽带、并行处理等方向发展。时至今日，微波光子学在分布式传输、通信、雷达、电子战等电子系统中都得到了应用，为这些系统带来了多方面的性能提升。

1. 微波光子分布式传输应用

分布式传输是微波光子技术比较广泛的应用之一。微波光子分布式信号传输的典型范例是 2003 年由美国、加拿大、日本和欧洲共同建立的阿塔卡马大型毫米波/亚毫米波阵列 (Atacama large millimeter/submillimeter array, ALMA) 项目，如图 1.15 所示[9]。该系统由 66 个独立的碟面天线组成，其中最长的基线达到了 18km。该系统利用微波光子技术实现了毫米波和亚毫米波频段信号的分布式长距离稳相传输，实现了在 27GHz 时的相位噪声低于 3.3×10^{-5} rad^2，补偿了大于毫米量级的光纤长度抖动，使激光器的频率抖动由兆赫兹降低到了千赫兹，从而显著提升了天文望远镜阵列的合成探测效果。

图 1.15　阿塔卡马毫米波射电天文望远镜阵列

国内方面，分布式稳相传输同样得到了密切关注。其中，中国电子科技集团公司第二十九研究所面向工程应用，为了降低分布式系统中微波光子稳相处理的资源代价，报道了一种低复杂度的多通道微波光子稳相方案，如图 1.16 所示。该

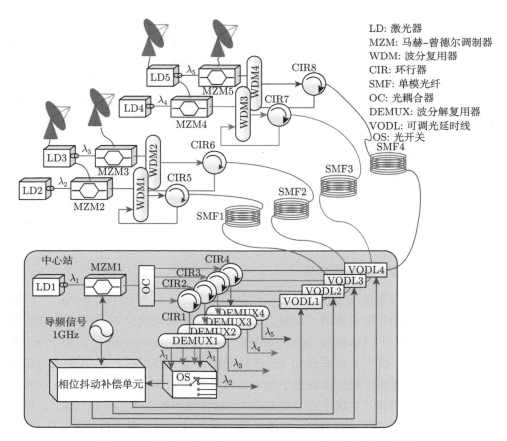

图 1.16　面向分布式多通道系统的微波光子稳相方案示意图

方案利用高速光开关轮询，基于一个相位校正补偿单元同时实现了 4 路微波光子链路的稳相传输，显著降低了系统复杂度[10]。

2. 微波光子电子战应用

微波光子技术由于具有多倍频程、大瞬时带宽、多波束合成、高速采样处理等优势[11]，能够很好地契合电子战系统对大带宽的需求。此外，低传输损耗、高并行处理能力、优秀的电磁兼容性等特点使微波光子技术在电子战系统中的应用推进得十分迅速[12]。

2010 年，澳大利亚国防部资助开展了基于微波光子技术的机载分布式系统的研究，通过微波光子技术将飞机不同位置天线接收的信息进行传输、交换以及集中处理，并将其成功应用于 P-3C 猎户座海上巡逻机的 ALR-2001 型电子支援措施 (electronic support measures，ESM) 设备中，如图 1.17 所示。

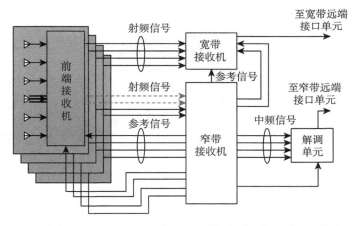

图 1.17 澳大利亚 ALR-2001 型 ESM 系统中采用的微波光子传输链路

2011 年，BAE 公司的电子战光控子系统 (Electronic Warfare Optically Controlled Subsystem，EWOCS) 项目报道了面向机载 ESM 应用的宽带光学多波束样机及其性能。该系统不仅在 6~18GHz 高频段实现了大于 4GHz 的瞬时带宽，而且其结构外形完全按照 "阵风" 战斗机的要求进行设计，其样机已经具备安装在战机上的能力。可以看到，微波光子技术不仅为电子战系统带来了大瞬时带宽、宽工作频段等一系列优异性能，并且已经实现了高成熟度的工程化应用。

2016 年，佐治亚理工学院电子系统实验室在航空、航天电子光学电子设备专题会上详细对比了电子战应用中的微波光子与传统微波射频技术的优势和劣势[13]，认为光子技术在瞬时带宽和杂散抑制方面表现优秀，在噪声、线性动态范围、功耗和硬件成本等方面表现良好，更容易满足电子战系统的需求，并能够通过较低的成本单价实现装备升级。

3. 微波光子雷达应用

2011 年，欧盟的全数字光子雷达项目 PHODIR(基于光子学的全数字雷达)提出资助高频多通道光子雷达信号波形的产生，并于 2014 年在 *Nature* 杂志上报道了意大利研究人员所研制的光子雷达系统，如图 1.18 所示。该雷达系统是 PHODIR 计划的一部分 [14]，PHODIR 计划旨在提高雷达系统的跟踪和速度计算能力，通过光梳解决了常规基于射频技术体制变频结构复杂、高频条件下的噪声恶化等难题，并随后实现了 S、X 双波段的微波光子雷达，实现了雷达技术体制的颠覆性变革。

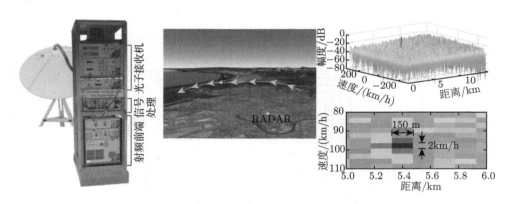

图 1.18　意大利微波光子雷达系统及其实验结果

南京航空航天大学于 2017 年成功研制出了可对小目标实现视频成像的微波光子雷达原理样机，如图 1.19 所示 [15]。该系统发射端利用微波光子倍频技术将 4.5～6.5GHz 的线性调频信号倍频到 K 波段 (18～26GHz)，由天线辐射到自由空间。该宽带信号经待测目标反射后，由接收天线收集并与参考信号进行光混频去斜，得到仅包含目标距离、多普勒频移等信息的低速信号，在不损失信息量的前提下极大地压缩了数据量，实现了分辨率优于 2cm 的高分辨率成像。

4. 微波光子通信应用

2012 年，据欧洲航天局报道，Eurostar 3000 卫星平台采用微波光子技术，实现了微波信号的上/下变频和光子互联；2018 年，空客防务与空间公司启动了通信卫星的光子有效载荷项目 (OPTIMA)[16]，现阶段已经完成光发射模块、光开关模块等样件研发，并完成了系统的地面模拟测试 (图 1.20)，2023 年完成在轨系统测试，技术成熟度达到 6 级。微波光子技术在卫星上的应用，可大幅度减少不同器件的数量，显著降低成本；并通过光纤代替传统电缆，实现超低损耗传输的同时，极大地减小了载荷的体积、重量和功耗。

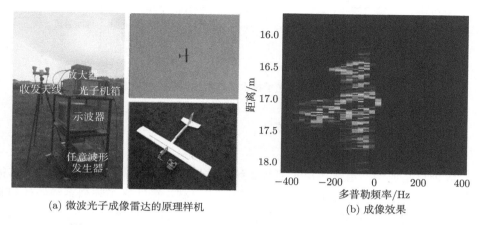

(a) 微波光子成像雷达的原理样机   (b) 成像效果

图 1.19　南京航空航天大学微波光子雷达的原理样机及测试结果

(a) 光开关模块   (b) 地面模拟测试

图 1.20　OPTIMA 项目研制的光学样件和系统测试

    2020 年，中国空军工程大学联合中国科学院共同报道了支持太比特卫星通信的多输入多输出 (multiple-input multiple-output, MIMO) 系统预编码技术，其基本结构如图 1.21 所示。该系统利用光子技术实现了破零预编码，在不使用数字信号处理算法的条件下，消除了卫星对地传输中的信号失真，通过仿真实现了 10^{-7} 量级的误码率，证明了该方案对提高传输效率和容量的有效性 [17]。

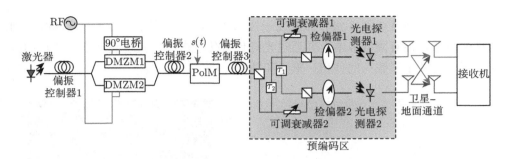

图 1.21　基于光子技术的破零预编码系统方案

5. 微波光子系统应用的发展方向

1) 阵列化

阵列化是通信、雷达、电子战等系统的共性发展趋势,而阵列化结构含有很多的电光转换通道,因此电光调制器的集成化对减小微波光子阵列系统的体积和重量至关重要。2020 年,中山大学团队报道了基于铌酸锂薄膜的高性能电光调制器 [18],如图 1.22 所示,该器件的调制带宽可以达到 60GHz 甚至更高,能够支持最高 320Gbit/s 的高速率通信传输,为高速率调制器的小型化和集成化探索提供了新思路。此外,清华大学在探测器方面、东南大学在集成延时线方面、中国科学院半导体研究所在直调激光器方面的研究都取得了显著成果。

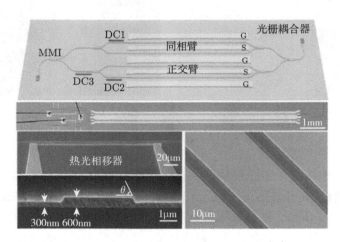

图 1.22　基于铌酸锂薄膜的相关调制器 [18]

2) 综合化

前面的概述表明,微波光子技术在通信、雷达、电子战等电子系统中都得到了重要应用，而研究人员也进一步想要通过微波光子的方法将多种功能进行综合。2013 年，欧洲防务局牵头的多功能光学可重构扩展设备 (MORSE) 项目提出了基于微波光子的一体化系统框架，如图 1.23 所示。该项目旨在开发一种具备波束形成、阵元动态可重构能力和多功能的系统架构，开发、巩固光学域使能技术，搭建样机并进行概念演示验证，以用于地基、无人机、舰艇上的战场预警和态势感知系统中，包括高分辨率雷达、宽带电子战、高速通信等。

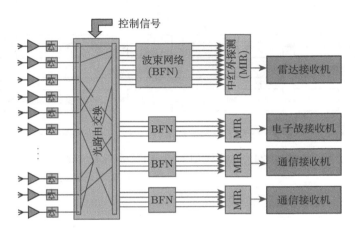

图 1.23　欧洲防务局的 MORSE 项目架构

3) 全光化

微波光子技术在电子系统中的最初应用形式主要为光载微波或数字信号传输，利用光纤传输的大带宽、低损耗优势将单个或多个信号传输到远端。近年来，随着研究的不断深入，微波光子逐渐从信号传输功能扩展到包括光子滤波、变频、光子波束形成、光子学信号参数检测等多种处理过程，如图 1.24 所示。而且，当前正在研究的里德堡原子天线 [19,20] 技术，以及光子计算技术和光子神经网络 [21] 等前沿技术，将填补图 1.24 中一头一尾的处理过程，从而实现真正意义上的“全光化”系统。

4) 集成化

在实际应用中，微波光子系统往往会受到应用平台的限制，例如，要想应用于卫星或者小型飞机，就要求系统必须足够小和轻。即使是地面系统，小型化也能带来诸多好处。因此，微波光子系统向集成化、芯片化发展也是近年来非常明显的一个趋势。例如，在光学波束形成方面，2010 年，荷兰研究人员报道了基于光子集成网络的光学波束形成芯片，如图 1.25 所示 [22]。该芯片采用片上的光学微环作为光学真延时单元。

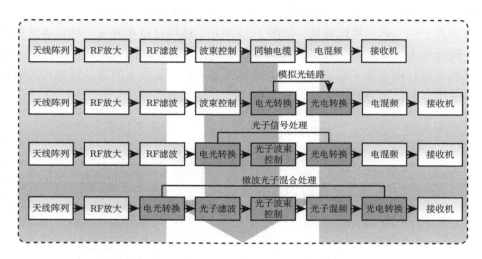

图 1.24　射频系统向"全光化"演进的过程

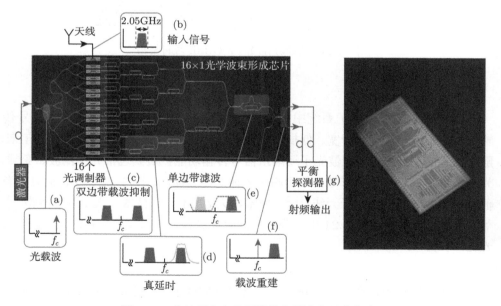

图 1.25　荷兰研究人员报道的光学波束形成芯片

关于微波光子器件、处理方法和系统应用等方面的内容,已有相关论著详细阐述,而本书侧重于介绍微波光子的多学科协同设计,因此对以上内容只做概要性的简单介绍。

1.2 微波光子学的多学科融合特征

从微波光子学的概念中可以看到，微波光子学被明确定义为交叉学科，微波光子学的取名也非常直截了当地综合了"微波学"和"光子学"这两个学科名称。而进一步分析微波光子学的有关研究内容，如信号的产生、分配、控制和处理，又不难理解到微波光子学实际上还隐含了信号与信息处理等另外一些关联学科，具有典型的多学科融合特征，具体表现在以下几方面。

(1) 微波光子学是建立在微波与光波统一性和差异性基础上的交叉学科。

首先，微波和光波在物理本质上高度统一。二者在真空中的速度相同，其特性都会受到电导率和磁导率的影响。事实上，光速本身就被表示成电导率和磁导率乘积的倒数平方根。因此，微波和光波的特性都可以根据电场或者磁场的调控发生变化。例如，微波滤波器可以通过调节介电常数实现滤波特性和工作频段的变化；电光晶体则可通过调节电压场强的变化，使其折射率发生变化，从而产生双折射效应。

其次，虽然微波和光波长期分属不同的学科，分别有不同的表征方法，但在表征参量上具有高度的相似性。例如，表征微波和光波类的器件与系统时，都会采用波长、频率、带宽、群速度等相同概念，或者采用等价的概念。例如，表征电磁场振荡方向时，微波用极化的概念，光波用偏振的概念；表征不同波长/频率的响应差异时，微波用 S_{21} 曲线或频率响应差异，而光波采用色散的概念；微波和光波中也有一些参量的物理内涵不同，但具有高度相关性。例如，光学中通常用相对强度噪声 (relative intensity noise, RIN) 来表征光谱非邻近区的相对噪声水平，而微波通常用相位噪声来表征频谱中特定频偏处的相对噪声水平，实际上，二者是相关的，RIN 本质上类似于在远离主频分量区域的相位噪声平均水平。这种相似性，为微波特性和光波特性的映射与转换提供了可能，使得对同样的信息可用不同的微波和光波处理方式组合，为处理方式的多样性和灵活性提供了丰富的空间。

此外，微波与光波有共同的变换特征，都可以对电磁波最根本的幅度、频率、相位、偏振等参量进行变换，而且都存在饱和、交调等非线性效应。例如，微波可以通过混频器、梳状发生器等进行倍频和混频，光波则可以通过非线性晶体进行倍频或四波混频。从这个角度理解，微波向光波的电光转换本质上就是将微波频段的信号频谱特性向光波频段进行上变频，而光波向微波的光电转换本质上就是将光频段的信号频谱特性向微波频段进行下变频,这就意味着在信号处理领域,微波和光波频段的各种处理可统一在相同的数学模型框架中。事实上,微波光子学的各种信号处理方法理论上都服从随机过程的理论约束。同样,这种变换特性和数学模型的相似性也为微波系统和光波系统中相互运用对方的处理方法提供了可能。例如,调频连续波的激光雷达,本质上就是在传统的激光雷达中引入微波调制和相应的处理算法;微波光子储频本质上就是在传统射频存储器的基础上引入了具有宽带和长延迟、低损耗特性的光纤环。

微波与光波的统一性奠定了二者融合的基础,而微波与光波的差异使得它们分别具有不同应用场合下的优势。无论从电磁场理论还是从量子力学的角度,微波和光波的根本物理差异只有频率 (或者对应的波长),而二者的其他差异都是由此衍生出来的。例如,从电磁场角度来说,光波的频率比微波大、波长比微波小,所以同等孔径的情况下,光的衍射效应就没有微波显著。而从量子力学的角度来看,单个量子的能量是普朗克常数与频率的乘积,因此单个光量子的能量远大于单个微波量子,所以光量子的量子效应比较显著,在激光器、光电探测器等的设计和分析过程中往往会讨论能级的概念,而微波则很少讨论其量子效应。

正是以上微波和光波的统一性与差异性,使得二者的交叉融合成为可能,并带来和现有的电子或光学方法有本质差异的新特性。例如,在将微波信号变换至光学域后,由于光学幅度、频率、波长、相位等新的参量的引入,信息的维度将有所增加,从而使得微波处理方法具有更大的设计自由度,其信号的表征、检测和参数提取方式都有了很大的变化,处理的复杂度和现有方法显著不同,需要先进的设计方法和研发平台以深入探索微波光子处理系统的集成架构,以利用微波光子处理的特点,突破现有途径和方法的局限、实现处理性能的提升和体制架构的革新。

值得讨论的是,微波光子学为什么使用了“光子学”,而不是“光学”,毕竟“光学”研究的也是光。以作者的有限理解,这两个研究领域存在一定的交叠,但是区别也是非常明显的。

光学 (optics) 出现的历史非常悠久,早在数千年前,人们就开始了对光的研究。随着研究领域的不断发展,光学又逐渐分为狭义和广义两种概念。狭义的光学主要涉及几何光学有关的领域,如光怎么传播。而今天常说的光学是广义的,研究从微波、红外线、可见光、紫外线直到 X 射线和 γ 射线的宽广波段范围内的电磁辐射的产生、传播、接收和显示,以及与物质的相互作用。光学的研究领域中,没有强调光作为信息载体这一点,更主要的是关注光的物理本质。

光子学 (photonics) 是研究作为信息和能量载体的光子的行为及其应用的学

科，其诞生和发展与半导体激光器、光调制器、光电探测器等器件的应用息息相关。光子学关注光的产生、发射、传输、调制、信号处理、放大等。可见，在光子学的研究领域中，虽然也会非常关注对于光的特性的研究，例如，如何使得激光器输出的光的性能更优，但根本目的却是将光作为信息载体。而围绕光所进行的一系列操作，本质上还是需要对其所携带的信息进行特定的处理。

由于目前微波光子学的相关研究大都是围绕对信息的特定处理而开展的，因此，从信息的携带与处理这个角度出发，把微波光子学看作"微波学"与"光子学"的交叉学科更准确。正是因为微波光子的多学科交叉融合特征，为雷达、通信、电子战等系统带来了新的处理手段、解决途径和设计思路，微波学、光子学等不同学科在微波光子系统中能够充分发挥学科间的优势互补关系，提升系统的综合性能。

(2) 微波光子器件和处理单元往往是多物理场耦合和多器件紧密协同的产物。

从物理现象来说，微波与光波之间的相互作用和相互转换最能体现微波光子的多学科特征，但从应用角度来看，单纯的相互转换不足以满足要求，而是要进行功能层级的构造以服务于特定目的，这就必然涉及更多学科的融合问题。例如，在远距离光子稳相传输中，不仅是将微波向光波的调制解调，还包括远距传输中引入的衰减、色散、噪声、非线性和相位抖动等信息域的物理量调整。再者，通过高速光脉冲对微波信号进行模数转换的光电采样技术，其本身就连接了微波域、光域和数字域。

尤其是随着集成光波导的出现，微波光子处理过程已经不再是简单的微波和光波信息相互作用问题，而是必须通过组织结构和器件间的良好协同来实现的，这就涉及拓扑学、波导光学以及控制论的问题。

图 1.26 所示的双通道光学波束形成芯片中不仅涉及电光调制器和光电探测器这样典型的微波光子直接相互作用的器件 (涉及晶体光学、电磁场与电子电路学等)，也包含作为光域载波的激光器 (激光光学)、用于片上不同单元信号隔离的磁光隔离器 (磁光学)、进行滤波或延迟的微环等片上光波导 (波导光学)、进行功率补偿的片上光放大器 (非线性光学) 以及用于控制调制器偏置点和激光器波长等物理参量的控制学。实际上，由于芯片的集成度较高，各有源器件和无源器件之间还存在光电热的串扰、不同材质之间应力结构的差异，实际上所涉及的学科还会更多。

可见，一方面，需要先进的设计方法和研发平台深入研究处理系统的复杂结构以及器件协同关系，掌握各组成器件的工作原理和特性、多个器件之间的相互作用机理和组织方式，以及复杂处理系统的宏观特征、组织架构和性能演变规律。

另一方面，必须考虑多物理场的影响，包括光在介质中传播的特性会受到热、力、磁等多方面因素的扰动，分析各因素对器件性能和处理功能的影响，进而寻求最优的微波和光参数的调控状态和方法。

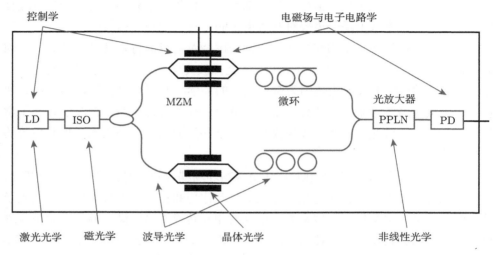

图 1.26　光学波束形成芯片中的多学科融合特征

(3) 基于微波光子构建的系统更是融合了多学科和多专业的综合复杂系统。

不仅微波光子器件和功能单元已体现多学科特征，构建一个如探测成像、电子侦察等完整的微波光子系统，更是包含了多种微波光子处理方法的综合，并和微波域、数字域、信号域乃至信息域、认知域相关联。微波光子宽带阵列系统设计是一个复杂的系统工程，微波和光子的协同解决了其中关键的一部分问题，但系统的最终实现还需要信号处理、信息学等其他各学科的共同参与。以图 1.27 所示的微波光子雷达的设计为例。

从系统架构来看，微波光子雷达包括负责空间电磁传播和天线阵列响应的电磁场学、负责信号发射和接收的射频电子线路学、负责光学处理的光子学、负责信号采集与存储的微电子学、负责从信号中提取目标特性的信号处理学乃至负责雷达点迹、航迹算法等的信息学科。这种多学科不仅是微波域和光域的交叉问题，而且是更广泛的多学科交叉问题，且不能简单解耦成多个学科独立设计的综合。当只考虑射频接收通道的增益特性时，一般可用具有时间平稳性的随机过程来分析，如利用具有时不变特性的 S 参数来描述频响特征；当考虑到天线阵方向图的波束捷变或成像模式下目标的旋转特性时，显然整个建模仿真就必须考虑时变特性；当进一步考虑到雷达测速测距或脉冲多普勒等长时处理过程时，仿真的时间尺度和模型的时变特性均大大增强，难度更高。

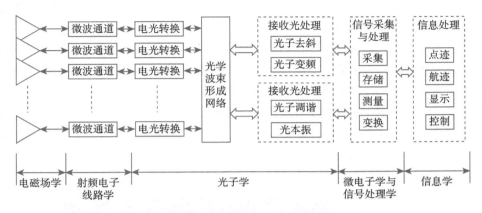

图 1.27　微波光子雷达中的多学科融合特征

因此，基于微波光子的宽带阵列系统设计是一个多学科/专业融合、多领域/行业协同配合的复杂系统问题，需要综合考虑各个学科与专业的特点以及平台、系统、器件等多个层面的边界与约束，而目前的系统设计水平距离多学科协同设计的要求还存在较大差距，亟须从理论和实践两个层面构建微波光子宽带阵列系统的通用模型库、软件设计环境和验证平台；微波光子系统的设计必须走多学科协同的路线，从协同机理、协同模型构建、协同仿真环境和协同验证等多角度、多层面开展研究。

1.3　微波光子多学科协同设计与建模仿真的现状及挑战

由于微波光子的多学科融合特点，仅靠单一学科的设计技术无法覆盖微波光子系统的全部设计工作，而多个学科的设计活动如果不通过协同的方式来开展，也难以获得高效、精确的设计效果。

1.3.1　微波光子多学科协同设计与建模仿真的现状

由于微波光子学科的特殊性，目前很难直接通过某个已有的商业设计工具来完成微波光子多学科协同设计和全系统仿真验证。此外，根据作者多年来从事微波光子技术研究的经验，微波光子系统设计还存在以下一些主要问题。

(1) 设计性能和实测性能存在显著差异，设计不能有效指导实物系统研制。

由于缺少设计方法和仿真环境，目前基于微波光子的系统设计以公式推算和定性仿真为主，所采用的模型通常偏理想化，对器件、组件、处理单元中的噪声、非线性等因素考虑严重不足，从而造成设计性能和实测性能存在显著差异，设计不能有效指导实物系统研制，使得目前宽带微波光子阵列系统的设计和研制主要靠经验摸索，效率比较低。

以光学波束形成为例，由于涉及天线阵列、射频通道、光电相互转换和光域的时幅相加权，结构复杂，目前在仿真设计能力上只能通过建立简单的原理模型来实现系统层面的原理仿真，而无法实现性能仿真，造成设计技术无法有效地预测系统的综合性能，也就无法在前期对系统提供足够的优化指导，影响了设计效率和准确率。图 1.28 和图 1.29 分别展示了宽带光学多波束系统的原理仿真结果和实物样机的实测结果。

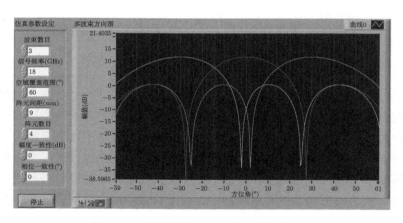

图 1.28　宽带光学多波束原理仿真结果图

从图 1.28 和图 1.29 的结果对比可以看出，一方面，仿真设计结果与样机实测结果在波束合成指向方面符合较好，说明其在原理设计方面起到了一定的指导作用；另一方面，二者在波束形状、合成增益、旁瓣电平等方面的差距明显，这是因为基于基础理论的仿真结果过于理想，无法通过误差因素仿真来预测波束形状可能发生的变化，因此也就无法在系统研制过程中提前纠正各种误差因素，只能依赖后期反复的实验和排查来弥补，极大地影响了设计效率与设计成功率，造成方案设计与样机研制周期过长且可控性很差。

(2) 仅能对模块或单元进行设计，系统级仿真难以实现。

微波光子系统的整体性能是全周期设计过程中人们最为关注的，而器件、组件、模块等各个层级，以及天线、微波前端、电光前端、微波光子波束形成、微波光子变频等各个环节的参数变化对于系统性能影响如何，是设计师最想准确了解的，这能够帮助设计师调整系统的组成方案、连接关系和参数设定来实现系统性能的最优化。但是，当前的微波光子系统设计模式尚无法实现以上目标。这是因为系统设计的多层级和多环节是一个纵横交织的网络，处于不同网络节点上的对象通常由不同的专业设计工具来分别完成建模仿真，而有些节点上的对象甚至尚无成熟的专业工具进行设计，需要设计师根据自身的经验在通用仿真工具中进行建模和仿真。而不管这些专业性的或通用性的仿真工具中建立的模型是否精确，它们因为数据结构不同、接口不同、运行环境要求不同等各种因素而无法实现协同仿真，也就无法直接获得系统整体性能的仿真结果。虽然有经验的系统设计师能够将系统分解为不同的部分和不同的层级，并且根据每个部分和层级的独立仿真结果估算系统是否能够达到预期指标，但是由于微波光子系统的多学科融合特点更为突出，并且在阵列化、综合化发展趋势下，系统的复杂程度显著增加，依靠人为经验判断的模式将越来越难以胜任高效和精确设计的要求。因此，微波光子设计技术缺少多学科联通的系统级仿真能力是当前面临的一个难点问题。

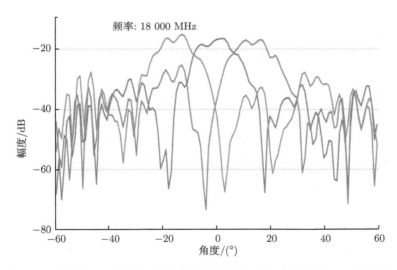

图 1.29　宽带光学多波束实物样机实测结果图 (样机参数如图 1.28 中所设)

(3) 系统性能过于依赖实物测试，周期长、迭代慢、代价高。

系统在完成研制之后，通常需要经历调试过程使性能达到最优。若系统涉及的学科越多、组成越复杂，则调试的难度越大，尤其当系统存在问题而要在各层级和各环节中定位原因时，硬件排查的方式将耗费大量的时间和精力。对于某些装配十分复杂的系统，或者是集成度非常高的微系统，某些硬件部分甚至难以排查到，而微波光子系统的发展趋势中正好同时具备了阵列化大规模和微系统集成化两个优势，这种性能上的优势反而显著增加了系统调试的复杂度和困难性。

如果能够在系统设计初期就通过建模仿真掌握系统性能与各层级和各环节单元之间的关系，将能够有效地解决以上问题。但是，目前由于微波光子的系统级多学科协同仿真难以联通，以及微波光子基础模型的精确度不足等问题，前期仿真对于后期实物调试的指导和替代作用尚无法很好地实现，微波光子系统的调试依旧存在周期长、迭代慢等问题。

1.3.2　微波光子多学科协同设计与建模仿真的挑战

微波光子多学科协同设计之所以难度大，主要是因为存在以下一些挑战。

(1) 建立微波域和光学域统一且精确的仿真模型难度大。

微波光子系统是一种通过在光学域综合运用多种不同结构的处理网络来对微波信号进行处理的复杂系统，融合了微波、光子、数字等多个学科和专业。

虽然微波和光波都属于电磁波，相同本质属性使得对它们的分析、建模、计算和设计都具有共通之处，容易建立直观的理解和构想。但二者在工作原理、器件特性、描述体系等方面均有显著区别，微波域模型和光学域模型在某些关注的物理参量上存在不同。例如，激光器的偏振特性在微波域中就缺少相同的指标与其对应；此外，将微波信号变换至光学域后，由于光学幅度、频率、波长、相位等新参量的引入，信息维度将有所增加，这使得微波和光波的描述维度更为复杂；而且有些光波的指标和微波之间的映射关系是多样化的，如光插损，在相干检测场合下与微波插损是线性关系，在非相干检测场合下则是非线性关系，这都给微波光子的统一域和准确描述带来了困难。而微波域和光学域的统一且精确的模型又是进行协同设计和联合仿真的必要条件。从目前微波光子系统设计中使用到的仿真工具来看，要么是仿真工具属于高度专业性的设计工具，模型的精确度足够高，参数体系足够完备，但是不同工具的模型之间无法统一；要么是设计师基于通用化的设计工具进行建模，模型的统一性较好，但是精确度不足。

此外，也有一种思想是将微波光子模型中光学域的特征转化到微波域来表征，例如，射频光传输链路这样简单的微波光子结构可以整体表征为由频响曲线和噪声系数宏观描述的微波组件，这样就可以通过常规的射频建模软件来分析。但光学波束形成、光梳、光子变频这样的复杂结构就无法用微波组件直接等效描述；何况这样将整个光学部分进行黑盒描述的方法，显然难以描述和分析微波光子器件内部的色散、非线性等特征参量的影响，容易造成模型不精准的问题。

(2) 建立跨学科的协同设计方法和集成仿真环境难度大。

即使有了微波和光波的统一描述方式和通用仿真模型，要完成微波光子协同设计和集成仿真仍然面临巨大困难。除了上述模型的描述体系差异外，另一个重大的挑战是微波和光波的频率差别太大 (4~5 个数量级)，对其信号进行数字化时存在尺度的严重不匹配。以核心器件电光调制器为例，光电场和微波电场在波导内通过电光效应发生耦合，实现调制的效果。要准确地建立光调制的模型，进而在系统设计中准确地应用光调制器的特性，就必须同时对其微波特性和光波特性进行描述，完成微波域和光域的协同仿真。但是按照采样定理，微波域仿真时信号的采样速率最大在数十吉赫兹即可表征整个频段内的信号特征，即使变频或多频段分析，差异也不大。而如果在光域中进行采样，若全带宽采集所需的采样率高达数百太赫兹，在同时包含微波与光波的微波光子系统中，二者显然难以高效匹配。当在光域是单波长系统时，可以利用带通采样定理来适配，但如果是波分复用或光梳这样的多波长系统，则适配将变得非常困难，若再考虑不同波长之间的相互耦合和非线性关系，则挑战超乎想象。

此外，微波光子宽带阵列系统是一个有机整体，信号会在微波域和光域中不断转换，因此某个初始参量经过重重转换和传递之后如何在输出的结果中体现出它的影响，或者某个中间参量如何对系统的性能构成影响，也需要协同设计、协同建模、协同仿真去解决。而微波和光波处理的信号表征、检测和参数提取方式都显著不同，单纯靠基于微波的仿真工具与环境，或者面向光波的仿真工具与环境均不能完成对微波、光波、数字等多学科协同仿真，微波仿真工具和光学仿真工具只能提供自身学科内的仿真模型，也只能驱动已有模型去仿真，基本无法兼容和调用对方的模型，同时也没有提供有效的转换接口来解决协同仿真的问题，存在着工具不统一、数据交换缺标准、模型及数据统一管控困难等问题。

(3) 建立微波光子设计与建模仿真的标准规范难度大。

由于微波光子的多学科交叉特性，现有标准规范并不能完全适用于微波光子系统的设计和建模仿真。例如，已有的专业类设计和建模仿真标准通常只约束本学科内的规范性问题，没有考虑跨学科之间的协同设计要求，难以站在某个单一学科内部来解决复杂的多学科问题，因此必须跳出单一学科的范围，站在更高的层次去研究协同设计的规范是什么。如果不解决这个问题，那么微波光子多学科协同设计将长期面临规范性不足、普适性较差等问题。

但是，建立适合微波光子系统的设计和建模仿真规范，就需要攻克前面所述的统一建模、精确建模、多学科模型协同仿真等技术问题，并能够从技术途径中归纳和凝练出标准化的方法、流程、参数体系。这本身已经是一个跨学科的问题，要求标准规范的制定者不仅要熟悉微波学、光子学、软件学等方面的专业技术知识，而且也要懂得标准规范关注的是什么。

1.4　微波光子多学科协同设计和建模仿真的主要内容

本书共 6 章。

第 1 章主要向读者概要性地介绍微波光子的概念内涵，微波光子在器件、处理单元和系统各方面的发展情况，以及微波光子多学科协同设计存在的问题和面临的挑战，以使读者了解微波光子多学科协同设计与建模仿真的必要性和需要研究的方向。

第 2 章主要阐述基于 RFLP 工程方法论的微波光子多学科协同设计方法。RFLP 即需求-功能-逻辑-物理，是当前国际上广泛采用的一种系统工程方法。作者将在这一章中讨论将 RFLP 与微波光子多学科协同设计相结合的一些思路和方法。RFLP 能够按照系统、单元、模块、组件的分层关系建立描述视图，并且在其功能设计、逻辑设计等过程中将不同的环节串联起来，这与前面阐述的微波光子多学科协同设计中存在多层级与多环节纵横交织的情况高度契合。

第 3~5 章分别从器件、单元和系统三个方面介绍微波光子建模仿真方法。在第 3 章对器件建模的内容当中，如何提升建模精度是关注的重点问题；在第 4 章对微波光子处理单元建模的内容当中，微波光子处理单元内的时空频信息映射关系是建模的重点所在；在第 5 章对系统建模的内容当中，作者选取了微波光子干涉仪系统为典型范例，向读者介绍微波光子 RFLP 设计和系统建模仿真的过程。

第 6 章阐述的是异构模型封装与高效仿真方法。异构模型封装是为了解决如何使得来自不同仿真工具的模型能够进行协同仿真的问题，如果没有异构模型封装过程，则基础模型只能在自身原来的软件环境下运行，相互之间接口形式、数据格式等均不匹配，多学科协同仿真将无从谈起；高效仿真则是为了解决微波光子系统仿真的效率问题。随着微波光子系统不断向宽带化、阵列化和高精度发展，系统模型中产生的海量数据将直接影响仿真工程能否运行，以及运行效率的高低。为了提高系统设计的迭代效率，有必要研究能够加快仿真过程的方法。

参 考 文 献

[1] Jäger D, Kremer R, Stohr A. Travelling-wave optoelectronic devices for microwave applications. IEEE MTT-S International Microwave Symposium, Orlando, 1995.

[2] Jäger D, Stohr A. Microwave photonics. 31st European Microwave Conference, London, 2001: 1-4.

[3] Yao J P. Microwave photonics. Journal of Lightwave Technology, 2009, 27(3): 314-355.

[4] Chen Z Y, Yan L S, Pan W, et al. Reconfigurable optical intensity differentiator utilizing DGD element. IEEE Photonics Technology Letters, 2013, 25(14): 1369-1372.

[5] Born M, Wolf E. Principles of Optics. 5th ed. Oxford: Pergamon Press, 1975.

[6] Zhang L, Li M, Shi N, et al. Photonic true time delay beamforming technique with ultra-fast beam scanning. Optics Express, 2017, 25(13): 14524-14532.

[7] Xie X, Dai Y, Xu K, et al. Broadband photonic RF channelization based on coherent optical frequency combs and I/Q demodulators. IEEE Photonics Journal, 2012, 4(4): 1196-1202.

[8] Zhu D, Du T, Pan S. A coupled optoelectronic oscillator with performance improved by enhanced spatial hole burning in an Erbium-doped fiber. Journal of Lightwave Technology, 2018, 36(17): 3726-3732.

[9] Cliché J F, Shillue B. Precision timing control for radioastronomy: Maintaining femtosecond synchronization in the Atacama large millimeter array. IEEE Control Systems, 2006, 26(1): 19-26.

[10] Chen Z, Zhou T, Zhong X, et al. Stable downlinks for wideband radio frequencies in distributed noncooperative system. IEEE Journal of Lightwave Technology, 2018, 36(19): 4514-4518.

[11] 周涛, 范保华, 陈吉欣. 光学波束形成技术对超宽带信号的传输特性分析. 半导体光电, 2010, 31(3): 451-454, 458.

[12] 冀贞海, 赵巾卫. 微波光子技术在电子对抗中的应用. 航天电子对抗, 2013, 29(6): 37-40.

[13] Olinde C, Michelson C, Ward C, et al. Integrated photonics for electromagnetic maneuver warfare. Proceeding of Avionics and Vehicle Fiber-Optics and Photonics Conference (AVFOP 2016), Long Beach, 2016: 181-182.

[14] Ghelfi P, Laghezza F, Scotti F, et al. A fully photonics-based coherent radar system. Nature, 2014, 507: 341-345.

[15] Zhang F, Guo Q, Wang Z, et al. Photonics-based broadband radar for high-resolution and real-time inverse synthetic aperture imaging. Optics Express, 2017, 25(14): 16274-16281.

[16] Anzalchi J, Wong J, Verges T, et al. Towards demonstration of photonic payload for telecom satellites. Proceeding of International Conference on Space Optics (ICSO 2018), Chania, 2018: 111804T1-111804T9.

[17] Lin T, Yu H, Zhao S, et al. Photonic pre-coding for MIMO system in satellite-Terrestrial communication. IEEE Access, 2020, 8: 40378-40388.

[18] Xu M, He M, Zhang H, et al. High-performance coherent optical modulators based on thin-film lithium niobate platform. Nature Communications, 2020, 11(1): 1-7.

[19] Pritchard J D, Maxwell D, Gauguet A, et al. Cooperative atom-light interaction in a blockaded Rydberg ensemble. Physical Review Letters, 2010, 105(19): 193603.

[20] Sedlacek J A, Schwettmann A, Kübler H, et al. Microwave electrometry with Rydberg

atoms in a vapour cell using bright atomic resonances. Nature Physics, 2012, 8: 819-824.

[21] Tait A N, de Lima T F, Zhou E, et al. Neuromorphic silicon photonic networks. Scientific Reports, 2017, 7(1): 7430.

[22] Zhuang L, Roeloffzen C G H, Meijerink A, et al. Novel ring resonator-based integrated photonic beamformer for broadband phased-array receive antennas-Part Ⅱ: Experimental prototype. Journal of Lightwave Technology, 2010, 28: 19-31.

第 2 章　微波光子多学科协同设计方法

复杂工程系统设计过程通常会涉及多个相互交叉的学科 [1]，例如，飞机设计需要性能材料、结构、气动、可靠性等多个学科协同 [2]；舰船设计需要结构、流体力学、声学、电磁学等学科 [3]。而微波光子系统虽然没有上述系统庞大，但是其本身也涉及明显的多学科特征，包括微波学、光子学、数字学、结构力学、材料学等。因此，本章首先介绍多学科的概念内涵；其次，介绍多学科协同设计的一般方法，并结合微波光子专业技术，阐述微波光子多学科协同设计的内涵及特点；接着，介绍 RFLP(需求-功能-逻辑-物理) 协同设计的概念和基本流程，阐明在微波光子多学科协同设计中使用 RFLP 的优势；最后，从系统设计和仿真的角度出发，阐述基于 RFLP 的微波光子多学科协同设计的一般方法和设计流程。

2.1　多学科概念内涵

之所以要研究某个对象的多学科问题，是因为随着科技的不断进步，生产制造的对象越来越复杂，往往是多个学科知识和领域技术的高度聚合体。因此，为了达到更优化的设计效果，我们要研究对象的多学科问题。不同的对象所涉及的学科门类不同，不能一概而论，但是根据不同学科之间的相互关系，可以分为以下三大类 [4]。

(1) 串行关系：串行的多学科关系示意图如图 2.1 所示。对象的研究/实现具有明显的阶段性，在不同阶段以不同学科为主导，上一阶段的结果作为下一阶段的输入。因此学科之间的影响传递也近乎是单向的。该类关系的典型例子是对原油的提取。原油可以用于获取石油燃料、石油溶剂、石油沥青等产品，这些不同产品的提取对应不同的学科方法，通常会经过一个阶段的提取之后，再进入下一个阶段。

(2) 并行关系：并行的多学科关系示意图如图 2.2 所示。对象的研究/实现是若干个方面同时并行开展的，对应多个学科的并行应用，最终通过对这些并行成果的综合与集成实现目标。多个学科在并行开展的过程中，没有明显的相互影响关系，典型例子是体检。体检可以分为生化检测、影像检测、临床检测、专家诊断等多方面并行开展，最终综合后得到检测结论。尽管某方面的检测结果会参考另一方面的检测结果 (或作为另一方面的参考), 但总的来讲, 各种检测过程是独立并行开展的, 所得到的结论也是相互独立的, 相互之间没有明显的制约与影响关系。

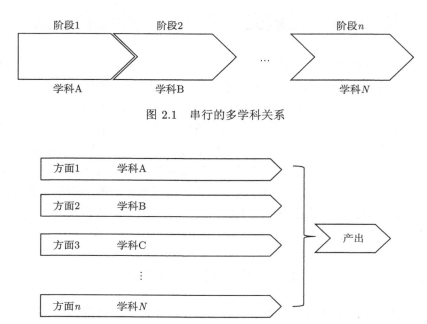

图 2.1　串行的多学科关系

图 2.2　并行的多学科关系

(3) 复杂关系: 上述串行和并行的学科关系较为简单。而随着科学的不断进步, 各种对象涉及的学科门类越来越多, 学科之间的相互影响也越来越显著。例如, 不同学科之间可能存在 "按下葫芦浮起瓢" 的关系, 需要找到中间的平衡点; 又如, 不同学科之间可能存在循环递进关系, 呈螺旋式优化提升。一对多、多对一、多对多等关系更是非常普遍, 因此很难再通过单一或者少部分学科的简单优化来达到全局最优效果, 而是需要根据各个学科之间的相互影响关系进行协同设计。图 2.3 给出了具有不同特征的多学科及其关系, 可以看出, 设计过程中更普遍的现象是多学科之间存在相互的制约与影响, 甚至是 "此消彼长" 的情况。例如, 在图 2.3 中, 如何设计每个学科的 "形状" 和 "大小", 使得方框内的阴影的面积最大, 需要对多个 "学科" 进行协同研究才能得到最优的结果。

微波光子多学科之间的关系属于上述三种关系中的复杂关系, 微波、光学、数字等学科之间具有非常紧密的相互耦合关系。我们仍然以典型的 COEO 为例, 其原理如图 2.4 所示。该 COEO 由主动锁模激光器和光电振荡器两个环路组成, 这两个环路共享一个电光调制器。电光调制器后的光耦合器输出两路信号，分别构成主动锁模激光器环路和光电振荡器环路。其中，主动锁模激光器环路在光耦合器输出后依次连接可调光延时线、光放大器和光滤波器；光电振荡器环路在光耦合器输出后依次连接光电转换器、电滤波器和电放大器，电放大器的输出连接至电光调制器的射频输入口。数字鉴频器用于实现工作频率的精细控制，通过将光电振荡器环路输出的射频信号和参考电信号进行混频、鉴频后，输出电的控制信号，调节电移相器，实现对频率的精细控制。主动锁模激光器环路输出光脉冲信号，该光脉冲信号同时作为光电振荡器环路的光输入；光电振荡器环路输出射频信号，同时该射频信号作为主动锁模激光器部分的射频输入，通过调制器调制到光域，引入周期性幅度或相位调制，实现光域的主动锁模。

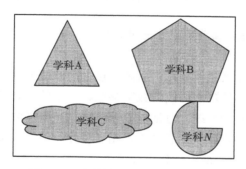

图 2.3   不同特征的多学科及其关系

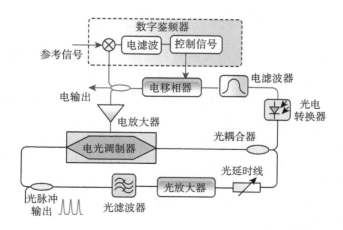

图 2.4   COEO 结构图

从上述原理中不难发现，该 COEO 所包含的学科及耦合关系如图 2.5 所示，具体如下。

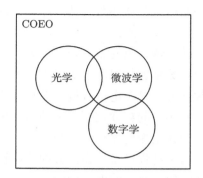

图 2.5　COEO 所包含的学科及耦合关系

(1) 光学系统：包括激光器产生脉冲、光学滤波、光学放大、光学延迟和光耦合等。

(2) 微波系统：包括微波滤波、微波相移、微波放大等。

(3) 数字系统：包括数字滤波、数字鉴频、数字信号处理等。

(4) 光学与微波耦合系统：包括电光调制器、光电探测器等。

(5) 微波与数字耦合系统：通过电移相器和控制信号连接数字域与微波域。

其中，光学与微波学两个学科组成的系统在图 2.4 所示的两个环路中不断地进行复杂的耦合。

2.2　多学科协同设计的概念及方法

多学科协同设计的思想是由美籍波兰裔科学家 Sobieszczanski-Sobieski 于 1982 年提出的 [5]，并在 1986 年由美国国家航空航天局 (National Aeronautics and Space Administration, NASA)、美国飞机工业协会 (Aircraft Industries Association of America, AIAA) 以及美国空军等多家机构联合举办了第一届多学科分析与优化设计大会，这代表多学科协同设计在复杂产品的设计上开始发挥重要的作用。1991 年，AIAA 专门成立了多学科协同设计优化技术委员会，并发表了关于多学科协同设计的白皮书 [6]。至此，多学科协同设计作为一个独立的研究领域正式诞生，并深刻影响着各行各业的发展。

2.2.1　传统产品的设计方式

一般地，产品的开发设计全过程是指产品从需求分析到调试定型的整个过程和全部活动，包括需求分析、研究现状、实施方案、产品设计、生产研制、质量检验、性能测试、优化迭代、调试维护等。传统的产品开发设计方式是顺序的开发过程，整个过程不但持续时间长，上述各环节还会发生相互脱节的现象。开发设计人员按照要求完成本职工作后就会将结果抛向下游，而下游遇到问题则会将问题抛回上游，称为"抛过墙"式的产品开发方式，如图 2.6 所示。传统的串行设计和并行设计都可以归纳为"抛过墙"式的设计方式。

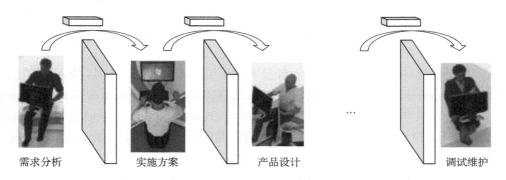

需求分析   实施方案   产品设计   调试维护

图 2.6 传统"抛过墙"式的产品开发方式和流程

1. 串行设计过程

在信息集成阶段，串行设计过程通常是递阶结构，各个阶段的工作按照既定的顺序来开展。一个阶段的工作完成后，统一交给下一个阶段的负责人来开展，各个阶段都有明确的输入和输出，其过程如图 2.7 所示。

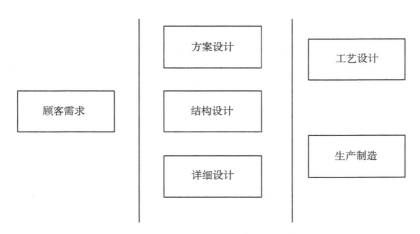

图 2.7 传统串行设计方式和流程

一般地，需求分析先于产品设计，需求分析的输出是产品方案设计的输入。在串行设计过程中，由专门的分析人员对顾客需求进行分解，并由计划部和各专业部门根据顾客需求完成技术需求的分析、研发和生产计划的梳理，然后将信息提交给产品设计小组，由指定设计师独立设计、开发产品，直至完成。最后将设计原型交送给工艺部门进行生产工艺的编制，再送往生产部门安排产品的生产。

在产品设计和生产的各个环节都会产生许多反馈信息，其主要内容与相关工程往往会发生冲突，这就要求在设计过程中进行必要的协调和更改，以解决设计和制造中相互冲突的问题。如果需要更改，则返回上一级，重复串行过程。通常情况下，每一个冲突的解决需要经过多次反复，持续较长的时间。

随着计算科学的发展，串行设计技术也采用了计算机辅助工具，如计算机辅助设计 (computer aided design, CAD)、计算机辅助制造 (computer aided manufacturing, CAM) 和计算机辅助工艺过程设计 (computer aided process planning, CAPP) 等，但这些工具仅仅使各个阶段离散的产品设计过程自动化，而没有改变产品整体开发过程中的固有顺序。同时，在不同阶段中多种辅助工具的使用，使不同工具之间的信息共享和传递产生了困难，同样成为产品效益和生产力进一步提升的瓶颈。

2. 并行设计过程

为了解决串行设计中存在的问题，20 世纪 90 年代出现了一种以时间作为关键因素的产品设计管理方法，称为并行工程 (concurrent engineering)[7,8]。而并行设计是并行工程的重要组成部分，要求产品设计及其相关过程并行开展，是设计及相关过程并行化、一体化、系统化的工作模式。

并行设计是将下游环节的可靠性、技术、生产条件等作为设计环境的约束条件，以避免或减少产品开发进行到晚期才发现错误，再返回到设计初期进行修改的情况。并行设计工作模式是在产品设计的同时考虑其相关过程，鼓励各个阶段工作部分交叉进行。因此，在产品设计初期便能够发现部分产品设计周期中相互冲突的问题，从而及时评估、决策，以达到缩短产品开发周期、提高质量、降低成本的目的。

并行设计的产品开发周期如图 2.8 所示，各个阶段之间有一部分相互重叠，而重叠部分代表过程的同时进行。一般地，相邻两个阶段可以相互重叠，需要时也可能出现两个以上阶段的相互重叠。要在这些相互重叠的设计阶段间实行并行设计，需要设计过程具备一定的能力：一方面需要信息集成和相互通信的能力，才能打通设计师和设计阶段之间的壁垒；另一方面需要团队的工作模式，这些团队既要包括与设计阶段相匹配的人员，还应该包括参与产品生产和销售的相关部门和人员。

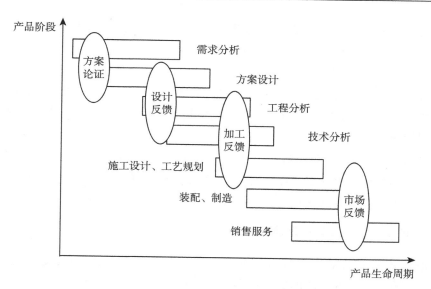

图 2.8　传统并行设计方式和流程

　　并行设计方式部分解决了串行设计中各环节间的壁垒，使得不同专业、不同领域、不同环节和不同部门之间的设计师开始了交流和沟通，信息的传递也更为顺畅。但是从产品开发的全过程来看，各环节依然是递进关系，其反馈迭代仍然限制在一定的范围内，在面对复杂产品的设计和开发过程中，仍然会发生设计方案的频繁更改，甚至是推倒重来的情况。

　　综上，传统的产品开发方式和流程在工业革命初期发挥了巨大作用，流水化的设计和生产方式明确了每一个产品参与者的职责，也提升了产品参与者的专业技能。但是随着产品越来越复杂化，特别是船舶、飞机、航天器、卫星、导弹等的出现，每一种产品都需要多种学科的专业人员参与设计，例如，船舶涉及水动力学、结构力学、操纵与控制、材料及制造工艺等，无论是串行设计还是并行设计，这种传统"抛过墙"式的产品开发方式和流程使得参与这种复杂产品开发的设计人员之间，以及部门之间缺乏交流，上下游之间会产生冲突，使得设计的产品往往出现性能、制造、装配、调试和维护方面的问题，不能很好地满足用户需求，从而造成产品的重新设计、重新制造、反复修改的现象。而对于复杂产品，这种结果将导致产品性能不稳定，经济成本显著上升。

　　传统的设计方式和流程在面对复杂产品的设计时显示出明显缺陷，其原因主要是：

　　(1) 设计所用的时间与整个开发时间的占比相对较少，前期主要靠经验和传统人为分析研究，后期靠大量调试和测试，使整个产品的开发耗时长，性能不稳定；

(2) 设计过程是刚性序列，缺乏灵活性；

(3) 产品的开发设计过程中，上下游之间缺乏交流和联系，往往进行到产品制造、装配阶段才会暴露出不同专业、不同学科设计时的问题，使产品的成本上升，研究周期变长；

(4) 设计数据分散于开发过程中的各个环节，缺乏统一有效的管理手段。

为了弥补传统设计方式在面对复杂产品时所产生的缺陷，多学科协同设计逐渐发展起来，并随着计算科学的兴起成为当前研究和应用的热点。

2.2.2　多学科协同设计的概念及特点

根据美国 AIAA 和 NASA 的定义，多学科协同设计是一种通过充分探索和利用工程系统中相互作用的协同机制来设计复杂系统和子系统的方法论 [9]。这种设计方法是由相互影响和耦合的物理现象主导的，并由相互作用的子系统组成的复杂工程系统进行设计，以使系统的综合性能达到最优的一种设计方法。

多学科协同设计的主要思想与传统工程设计的时序模式不同，是充分考虑各门学科之间的相互影响和耦合作用，应用有效的设计优化策略和分布式计算机网络系统，组织和管理整个系统的设计过程，通过充分利用各个学科之间的相互作用所产生的协同效应，获得系统性能的最优方法。

多学科协同设计的方式和开发流程如图 2.9 所示，协同工作小组可以在前一项任务完成之前就开始他们的工作。这时，前一阶段的工作所产生和传递的信息往往是不完备的，而后一个工作小组通过间接利用这些不完备的信息来开始自己的工作。与传统的串行和并行设计不同，相关阶段的结果信息输出与传递是持续的，设计工作每完成一部分，就将结果输出给相关过程和相关人员，从而使整体的设计工作不断完善。从整个设计过程来看，协同设计要求以立体、交互、多学科团队协同合作的方式进行产品的设计和开发，以更好地满足用户和顾客的需求。

多学科协同设计在具体执行过程中通常由四个基本元素构成，分别是成员角色、共享对象、协作活动和协作事件。其中，成员角色描述了群体成员在协同工作过程中所起的作用，由于在协同设计系统中成员角色差异较大，需合理对其进行划分；共享对象是在协作工程中各成员共同操作的对象，既可以是设计平台，也可以是具体的某一模型；协作活动用来指示协作的进展和状态的变换，用于规范协调各个成员的行为以及设计方法；协作事件是指协作成员共同完成某一项工作，即所要构建的复杂系统。

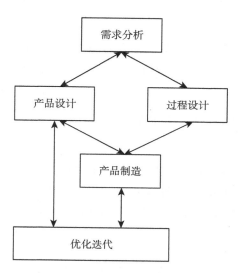

图 2.9 协同设计方式和流程

在信息技术、计算机技术和网络技术迅速发展的时代背景下，多学科协同设计的建立有效解决了传统顺序设计过程所产生的缺陷。该设计方法通过对复杂参数设计过程的解耦、重组、建模和优化，利用计算机强大的计算能力和分布式协同处理能力，构建产品协同设计开发流程；并结合现代的多种虚拟设计软件与工具进行系统化的协同设计工作模式。多学科协同设计既是现代设计技术的突破，也是现代管理技术的突破。其主要特点包括：

(1) 多学科协同设计的核心思想是产品的体系优化建模和开发过程集成，即从复杂产品设计开始就考虑到了产品后期开发可能出现的问题，制定相关策略。

(2) 传统的串行设计方法具有较多潜在问题，甚至是相互冲突和矛盾的问题。多学科协同设计方法，可以通过结构重组，将不属于同一时段的问题，如制造、调试、使用、维护以及废弃过程中可能产生的问题提前到设计阶段，由相应的设计团队、生产团队、保障维护团队、用户等提前介入，以避免由产品开发顺序、时间等问题引起的后续缺陷，从而导致整个系统全部或部分重新设计。

(3) 对于复杂交错、跨越时空频等多域和多目标的问题，协同设计采用"协同决策"的方法进行处理。

(4) 协同设计兼容并集成了多种高效技术与方法，如计算机/现代集成制造系统 (computer/contemporary integrated manufacturing systems, CIMS)、产品数据管理 (product data management, PDM) 多媒体技术等，在这些技术的基础上提出了"计算机支持下的协同设计"和面向协同设计的 CAD、CAM 和 CAPP 集成等设计理念。

(5) 协同设计能有效处理复杂产品生命周期中各个环节的关系，充分体现相互合作、资源共享、协同决策的价值，以消除传统串行设计过程中存在的"抛过墙"式的现象。

2.2.3　多学科协同设计的原理及方法

一般地，产品设计会直接影响产品的整个生命周期。其中，人的创造性最为活跃，而且整个生命周期约 85% 的费用由产品开发设计阶段决定，而这一阶段本身所需费用仅占总费用的 3%。这意味着，设计阶段的投入直接影响着产品的效益。这也是作者在本书探讨微波光子多学科协同仿真的出发点。

1. 系统分解

在多学科协同设计过程中，系统分解是核心环节之一。它的思想是通过改变多学科设计问题的结构，使系统在改进性能的同时减少复杂性，以此来提高优化效率。该技术将系统分为多个子系统，每个子系统可以在相对独立的环境中进行分析，实现并行处理和优化。当前，设计结构矩阵 (design structure matrix, DSM) 通常用来表示系统分解的过程，体现学科之间的相互影响和耦合作用 [10]。

图 2.10 给出了三学科耦合系统 [11]。本节选用三学科耦合系统来作为示例，一方面是因为它足够小，能够保持描述的简单性；另一方面它又足够大，保留了更复杂的多学科耦合系统的所有特点而且易于推广。图 2.10 中，x 和 x_i 分别是全局设计变量和局部设计变量，g_i 和 f_i 分别是 i 学科模型的约束和目标函数，$y_{ij}(i \neq j)$ 是 i 学科输出到 j 学科的耦合函数，表明了三学科之间的相互关系 [11]。

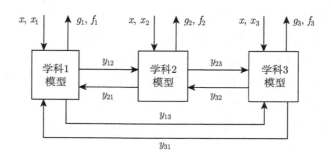

图 2.10　三学科耦合系统

图 2.11 是三学科耦合系统的设计结构矩阵，其对角线上的每个矩形框代表一个学科分析，整个系统分析由左上角向右下角依次进行 [11]。矩形框上、下两个方

向上的垂直线段表示信息输入，矩形框左、右两个方向上的水平线段表示学科分析的输出；垂直线段与水平线段交叉处的圆点表示一个学科的输出为另一个学科提供输入，这种学科之间设计信息的相互传递与作用形成了耦合关系。由图 2.11 可知，学科 1、学科 2 和学科 3 之间的耦合强烈，其中每一段通过圆点连接起来的垂直线段与水平线段构成了信息环。位于对角线右上方的信息环表示设计信息的前反馈，位于对角线左下方的信息环表示设计信息反馈，同一层的前反馈、反馈和学科子系统分别构成了一个设计回路。

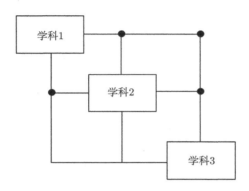

图 2.11　三学科耦合系统的设计结构矩阵

通过图 2.11 所示的设计结构矩阵，可以使多学科分析过程中的信息交互以及学科间复杂的耦合关系简单化，从而为计划的安排、任务的分解、设计师的选择提供依据。对于所含学科并非完全耦合的复杂系统，可以通过系统分析过程进行优化，以减少设计结构矩阵中的反馈环节，从而降低系统分析的耦合程度，达到缩短计算时间和降低计算成本的目的，更好地为系统分解服务。

然而，对于大多数复杂的产品、系统，由于学科间复杂的耦合关系，难以提出耦合函数的明确数学表达式，因此"松耦合"方式被用于解决多学科协同设计时的系统、任务分解[12]。这种方法不需要明确的耦合关系表达式，仍然能对多学科系统进行分析和处理。该方法主要从系统与学科之间的关系处理、设计变量的选择、备选方案的选择，以及结果的处理和分析等多个方面对多学科协同问题进行设计。

具体地，多学科协同设计问题的分解涉及学科与系统的分析、学科与灵敏度的计算，以及学科与系统优化和协调，故分解方法可分为两类：层次分解和非层次分解。

图 2.12 给出了系统层次分解方法[13]，该方法以各子系统自身的敏感度 (敏

感度是指系统性能因设计变量或参量的变化而表现出来的敏感程度) 分析为基础，每层之间都要进行灵敏度参数的交换，以提供必要的耦合。层次分解的过程中，信息只在上、下级子系统之间进行传递，同级子系统之间不发生信息交换，因此可以并行完成同一级各系统的分析与优化；每一个子系统只有一个上级子系统，但可以有多个下级子系统；每个上级子系统提供系统控制信息，而下级子系统提供反馈信息。当每一级子系统都收敛且系统也收敛时，即达到最优设计。

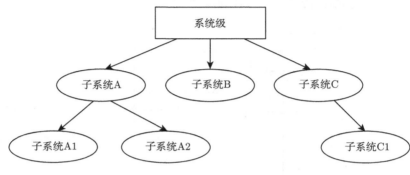

图 2.12 层次分解示意图

但是，当目标工程系统的子系统耦合非常严重时，则不能进行层次分解，只能选择非层次分解，其过程如图 2.13 所示 [11]。该方法以全局灵敏度导数作为数学基础，分别单独计算各学科的灵敏度，得到局部灵敏度导数，然后通过分析求得各子系统输出变量相对于其他子系统的输出变量的灵敏度偏导数信息，即表达子系统之间耦合作用的信息。最后通过全局灵敏度方程得到全局灵敏度导数，即系统输出变量对于输入变量的导数，从而指导系统设计和优化。非层次分解的最大优点就是各个子系统之间的信息交换，充分体现系统中的耦合现象。

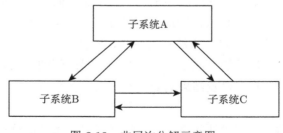

图 2.13 非层次分解示意图

系统无论采用层次分解还是非层次分解后，子系统就开始相对独立地分析及优化。同时，还需要对子系统进行协同，以保证子系统之间的关系在优化完成后能够恢复。

2. 优化迭代

多学科设计优化是一种通过充分探索和利用系统中相互作用的协同机制来对系统进行优化的方法论，它可以通过数学表达式进行描述：

$$\Delta_{\text{Disign}} = \left(\sum_i \Delta_{\text{Discipline}_i} \right) + \Delta_{\text{MOD}} \tag{2.1}$$

式中，Δ_{Disign} 表示基于多学科协同设计与优化后得到的总效益；$\Delta_{\text{Discipline}_i}$ 表示基于第 i 个学科优化设计得到的效益；Δ_{MOD} 表示多学科之间相互耦合作用所产生的效益。这个等式充分表达了需深入探索不同学科之间的相互作用，得到最优的设计，以产生最大的效益。

在多学科协同设计优化过程中，应该重点考虑系统中各个学科之间的耦合效应，这不仅会产生比传统单学科更大的效益，还会带来更复杂的问题。其中，最主要的两大难点为计算代价和组织复杂性 [14]。

(1) 计算代价。

在多学科协同设计中，由于引入了额外的设计变量和耦合变量，系统设计、分析及优化算法的计算量会随着问题规模的增加而呈指数型增长，其计算开销也显著大于各学科优化计算的开销总和。此外，多学科设计中多目标函数的存在也导致计算成本的增加。上述这些问题导致多学科协同设计的计算复杂性增强，致使计算成本显著提升。

(2) 组织复杂性。

对于复杂系统的多学科协同设计，组织和管理各个学科之间的信息交换是关键之一，必须采用有效的方法和策略来进行系统设计、优化的组织和管理。例如，如何将系统分析和子系统分析的影响建立关联？如何选择合理的设计变量、建立准确的数学模型以及优化复杂的迭代算法？如何将多学科协同设计中各环节进行解耦，从而能够安排不同专业的人员利用分布式网络并行操作？组织和管理上的有效、合理安排，对于减少计算量以及实现最优设计具有重要的意义。

因此，围绕上述两大难点，研究人员提出了多种协同优化方法。

(1) 多学科可行方法。

给定设计变量后，通过多学科系统分析得到输出变量，然后利用输入变量和输出变量计算目标函数和约束函数。当满足收敛条件时，优化终止；否则输出变量作为输入变量，开始新的迭代，直到收敛为止。

(2) 同时分析优化方法。

将系统的所有变量 (设计变量、耦合变量和各学科的状态变量) 同时由系统进行优化，迭代的每一步直接进行学科计算，直到优化结束时学科和系统才是可行的。该方法的关键是不要求每次优化迭代过程中多学科分析的结果是可行的，只要在最优点时多学科达到要求即可，从而避免了将大部分的运算时间浪费在确定一个可行解的反复多学科分析上。

(3) 并行子空间优化方法 [11,15]。

该方法包含一个系统级优化器和多个子空间优化器，示意图如图 2.14 所示 [11]。系统和子空间优化的目标相同，但是设计变量和约束条件不同。在并行子空间优化时，根据各学科中所需要的变量，将设计变量分配给各个子空间 (或子学科)，然后各子空间只对涉及该空间上的变量进行相对独立的优化分析。接着，将各个子空间上的优化结果代入系统分析的近似模型中，得到一系列的输出值，再对这些输出值进行优化。如果满足收敛条件，则输出的解认为最优；如果不满足收敛条件，则该值作为新一轮优化的初始值，重复上述过程，直到满足收敛条件。

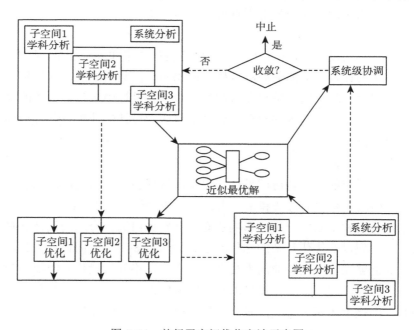

图 2.14　并行子空间优化方法示意图

(4) 协同优化方法 [16,17]。

该方法将优化问题分为层次式的两级优化结构。顶层即主问题，为系统级优化器；子系统即学科优化器。系统级向学科级分配其系统级变量的目标值，各学科在满足自身约束的条件下，其目标函数使该子系统优化目标结果与系统级分配的目标值差距最小，然后将目标值传给系统级，构成系统级的一致性约束来协调各学科之间耦合变量的差异问题。通过两级优化器的不断优化，最终满足一致性约束条件，得到系统级最优解。这里每个子系统在优化设计的过程中可暂时不考虑其他子系统的影响，只需要满足该子系统的约束，最后的协调问题由系统级的一致性约束来完成，使子系统级的分析拥有高度的自治性和并行处理性。

针对不同问题、不同需求、不同应用，多学科协同设计的方法会有所不同，但是其学科分解原理和产品优化目标大致相同。

2.3 RFLP 多学科协同设计方法与流程

前面介绍了多学科协同设计的基本概念和原理，但这些基本概念和原理尚不足以指导人们进行具体的系统设计工作。为此，人们需要更加具体的系统设计方法或者工具。本节将要介绍的是一种基于 RFLP 的协同设计方法，这也是本书研究微波光子多学科协同设计所采用的主要方法。

2.3.1 系统工程方法

在介绍 RFLP 的具体内容之前，有必要先建立起系统工程方法的概念，因为 RFLP 本身属于一种系统工程方法。

系统工程方法是一种现代的科学决策方法，也是一门基本的决策技术。系统工程方法把要处理的问题及其有关情况加以分门别类、确定边界，又强调把握各门类之间和各门类内部诸多因素之间的内在联系和完整性、整体性，否定片面和静止的观点与方法。在此基础上，它针对主要问题、主要情况和全过程，运用有效工具进行全面的分析和处理。

例如，常见的一种系统工程方法是基于文本文档的系统工程 (text-based system engineering, TSE) 方法 [18]。在复杂系统的设计和研制过程中，这种方法主要依靠设计师的经验和静态文档的传递。系统设计产生的大量信息多是以文本的形式来描述、记录和存储，一般包括系统总体需求分析、系统设计方案、系统测试方案、系统优化迭代方案、测试记录等。在这种模式下，要想实现协同设计和信息共享，文档将会在不同部门、不同设计师、不同专业甚至是不同单位之间来回流转。但是，随着系统规模和复杂度的提高，随着参研人员、部门、单位的增加，基于 TSE 方法论指导下的系统研发将会产生大量不同内容、不同格式、不同规范的文件，会造成信息表达冗余但不完整，信息溯源困难且易产生歧义，不同学科协同难、融合难、变更难等问题。

同时，在上述设计过程中，基于文档的设计过程是一种静态交互过程，不同专业的设计师难以实时、高效地将自身的设计结果与上下游相关的其他设计师的结果进行协同与验证，只能在完成原理样机的综合集成之后，依靠大量的调试工作来优化系统的整体性能，导致设计过程的低效，也不符合多学科协同设计的发展需求。

伴随着数字化建模仿真技术的发展，基于模型的系统工程 (model based system engineering, MBSE) 逐渐成为多学科复杂系统设计问题研究和应用的热点，并已经在飞机制造 [19]、武器制造 [20]、雷达设计 [21] 等领域取得了显著成效。基于模型的系统工程的具体实现有多种方法，RFLP 是法国达索系统 (Dassault System) 公司提出的一种复杂系统设计方法，它将整个过程分解为需求 (requirement) 定义、功能 (function) 分析、逻辑 (logic) 设计和物理 (physics) 实现四个维度 (简称 RFLP)，成为多学科协同设计的重要方法论之一 [22]。

2.3.2　RFLP 协同设计的基本概念

RFLP 从四个不同的维度对产品或系统进行了描述，提供了统一描述产品或系统模型的框架，是 MBSE 的具体体现，也是系统分解的一种科学方法。

(1) 需求: 系统自身特性、属性或系统应用、设计和实现过程的定性/定量约束条件。

(2) 功能: 系统在各种约束条件下具备或体现的能力。

(3) 逻辑: 系统功能的具体实现载体，是物理实现及其组合的抽象。

(4) 物理: 系统生产制造相关的模型或图档。

在多学科协同设计的系统工程方法论中，RFLP 模型是一种结构化描述模型，实现对系统的完整描述和信息的有效管理，为复杂系统研制提供了一个基于模型驱动的系统工程工作环境。它可以取代传统以文档形式记录系统需求或指标分解等信息的方式，以三维可视化视图的方式完整地体现系统的特征及各种特征之间的相互关系，使各个专业的设计人员更容易理解系统，便于协同设计。

2.3.3　RFLP 协同设计的基本框架

一般地，一个产品或者系统的设计可以分解为三个层面，包括应用层、系统层和基础层。而 RFLP 设计过程分别与这三个层次映射，如图 2.15 所示。

应用层模型可以看作一个 "黑盒" 模型，其特点是由用户需求来约束系统主要特性，系统主要由对外功能、系统与外部系统逻辑及系统物理模型来描述，并不涉及系统的内部组成和架构。对于用户而言，系统所有的实现细节都被认为是不透明的。

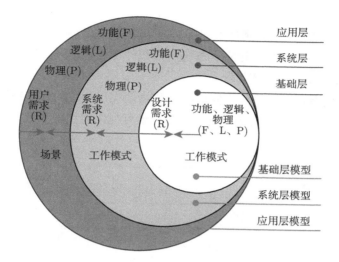

图 2.15　RFLP 模型与设计流程层次的映射关系

系统层模型可以看作一个"灰盒"模型，其特点是由系统需求来约束系统主要特性，系统主要由其内部基础单元技术功能、逻辑和物理模型来描述，通过这些描述可以明确系统整体架构，但并不涉及各个单元内部的详细组成。

基础层模型可以看作一个"白盒"模型，其特点是由设计需求来约束系统内部基础单元的主要特性，系统内部各个基础单元的具体实现完全由其功能、逻辑和物理模型来描述，通过这些描述可以明确系统的每个设计细节。

这种分层的 RFLP 设计和描述方法体现了一种自顶向下的设计方法。同层次不同模型之间以及不同层次同种模型之间存在着复杂的相互关系，形成一种拓扑结构，如图 2.16 所示。

每层 RFLP 系统描述均有独立完整的结构，但各个层次之间并不是相互孤立的，存在着一定的逻辑联系，可以相互追溯，宏观上可以看成一个统一的 RFLP 系统描述方法，真实地体现了系统设计开发流程中三层之间的内在联系。其中，RFLP 模型是 RFLP 协同设计方法的重要组成部分，它系统地描述了需求、功能、逻辑和物理四个不同维度，因此包括需求模型、功能模型、逻辑模型和物理模型，并形成了一种统一描述模型框架。

(1) 需求模型定义了设计系统必需的所有需求，针对不同的层次，可以分为用户需求模型、系统需求模型、设计需求模型等。同时，建立了不同需求之间的层次关系和追溯关系，以一种可视化图形方式呈现。

(2) 功能模型定义了为满足不同层次的需求，系统必须提供的能力，同样以一种可视化图形方式呈现。

(3) 逻辑模型定义了为满足不同层次的功能，系统必须提供的实现载体 (逻辑单元) 和逻辑关系。同时，建立了系统内部和外部逻辑单元之间的层次和追溯关系，以一种可视化图形方式呈现。

(4) 物理模型定义了系统不同层次的与物理实现相关的模型或图档。不同物理模型之间的层次关系和追溯关系呈现为三维可视化的物理图形。

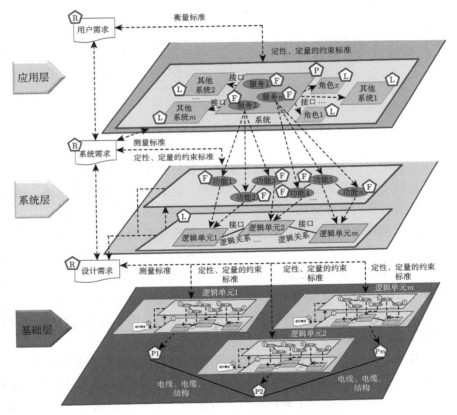

图 2.16　RFLP 模型层次间的内在联系

RFLP 模型中同层内四种元素 (需求、功能、逻辑、物理) 之间相互依赖的关系形成了 “纵向” 的拓扑结构关系网，同种元素在三层 (应用层、系统层、基础层) 之间的继承和发展关系形成了 “横向” 拓扑结构关系网，“一纵一横” 的双向

拓扑结构关系网完整地阐述了各元素之间以及各层次之间内在的联系，如图 2.17
所示。

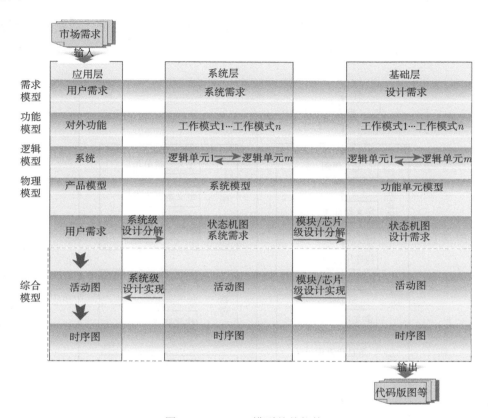

图 2.17   RFLP 模型整体架构

同层次内需求是对功能、逻辑、物理及其相互关系的定性与定量约束，功能、
逻辑、物理设计的最终目标都是满足需求。系统层的系统需求和基础层的设计需
求相当于"任务书"的角色。

不同层次相同元素之间抽象程度不一样，存在直接映射关系。下一层功能是
上一层功能的继承和细化，更详细地描述上一层功能的实现；下一层逻辑单元继
承上一层逻辑单元的接口和三流 (信息流、控制流、能量流) 的传递规则；下一层
物理结构模型与上一层物理结构模型相互配合，构成完整的系统。

2.3.4   RFLP 协同设计的基本流程

根据 RFLP 协同设计的基本框架，其设计和建模过程同样分为三个层次，分别是应用层、系统层和基础层。

1. 应用层设计

应用层的输入是产品或系统的需求，构建需求、功能、逻辑、物理和场景模型，优化迭代需求，最终完成需求确认。其设计流程如图 2.18 所示。首先通过静

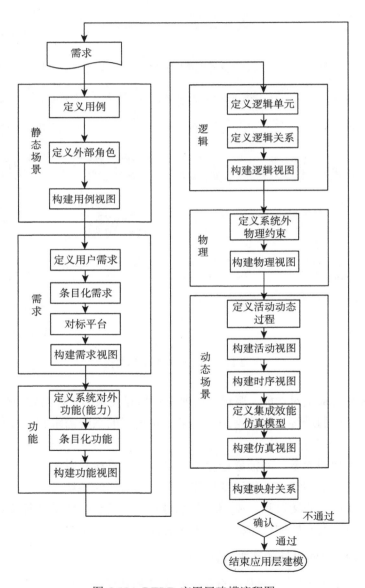

图 2.18　RFLP 应用层建模流程图

态场景设计构建系统的典型应用场景，如外部角色、相互关系等；然后依次按照需求、功能、逻辑和物理等维度分别进行设计和分解，每一个环节包含的内容如图 2.18 所示；最后构建动态场景，包括活动视图、时序视图和仿真视图等，使整个产品或系统的呈现方式更加直观。整个建模是循环迭代、不断深化的过程。

值得注意的是，在上述应用层设计过程中，图 2.18 给出的是较为完备的过程。实际上，在针对具体对象的设计中，可以对上述过程进行必要的简化。

2. 系统层设计

系统层的输入是应用层 RFLP 模型，根据图 2.19 所示流程，依次构建需求、功能、逻辑、物理和工作模式模型，优化迭代系统需求，最终完成应用层 RFLP 模型和系统需求确认。

其中，系统层需求模型由需求视图构成，功能模型由功能视图构成，逻辑模型由逻辑视图构成，物理模型由物理视图构成，工作模式模型由状态机视图、活动视图、时序视图和仿真视图构成。上述系统层中各元素之间需要建立的关联关系与应用层类似，这里不再赘述。

3. 基础层设计

基础层的输入是系统层 RFLP 模型，与系统层设计类似，基础层的 RFLP 设计依然分别构建需求、功能、逻辑、物理和工作模式模型，通过优化迭代设计需求，最终完成基础层 RFLP 模型和需求确认，其流程如图 2.20 所示。与应用层不同的是，系统层里每一个环节的设计都是以功能单元或逻辑单元为对象，是应用层 (以系统为对象) 设计的进一步分解和细化，因此针对每一个环节的设计，需要不同学科、不同专业和不同部门的设计师协同开展，是体现多学科协同设计的重要一环。

2.3.5 多学科协同优化原理及方法

通过 RFLP 方法论完成多学科协同设计后，还需要检验该设计是否符合要求，并进行必要的优化。多学科优化的方法较多，本书主要以多目标协同优化 (collaborative optimization, CO) 方法来进行阐述。

该方法的示意图如图 2.21 所示 [16,17]，将系统分为层次式的两级优化结构：顶层为主问题，是系统级的优化器；子系统为学科优化器。

对于系统级，它的目标函数为 $f(z)$，一致性约束函数为 J_i。那么，首先由系统级向学科级分配其系统级变量的目标值，在各学科级满足自身约束的条件下，其

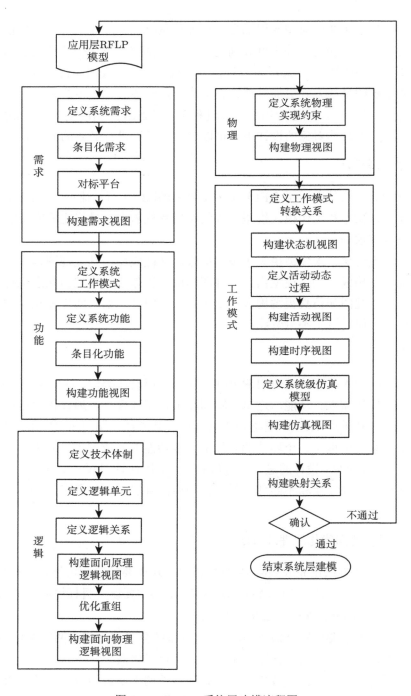

图 2.19　RFLP 系统层建模流程图

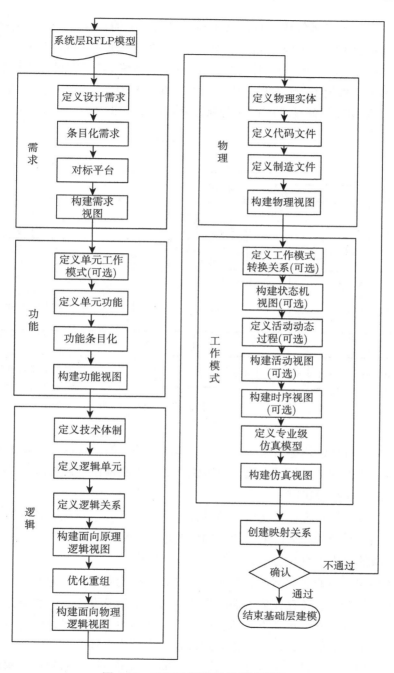

图 2.20 RFLP 基础层建模流程图

目标函数 J_i 使该子系统优化目标结果与系统级分配的目标值差距逐渐减小。其中，Y_{oi} 表示子系统 (或子学科)i 输出到其他子系统 (或子学科) 的耦合状态变量；X_{Ai} 表示与 Y_{oi} 对应的辅助设计变量；G_i 表示子系统 (或子学科)i 的局部约束条件；Y_{si} 表示子系统 (或子学科)i 中直接与系统目标有关的状态变量；w_i 为权重系数，其值根据实际问题选取；w 为权重系数向量，其元素为 1 和 -1。

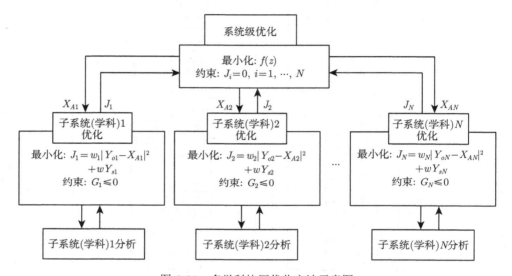

图 2.21　多学科协同优化方法示意图

接着，将目标值传递给系统级，从而构成系统级的一致性约束来协调各学科之间的耦合变量的差异问题。通过两级优化器的不断优化，最终满足一致性约束条件，得到系统级最优解。

此时，每个子系统在优化设计的过程中可暂时不考虑其他子系统的影响，只需要满足该子系统的约束，最后的协同问题由系统级的一致性约束来完成，这使得子系统级的分析拥有高度的自治性和并行处理性。

多学科相互影响的典型例子是飞机的设计。现代战斗机、无人机等飞行平台不仅追求飞行特性，还存在多方面的设计需求，如隐身设计、气动设计、可靠性设计、轻量化设计等，每个方面的设计需求关联到不同的学科领域。然而，如果只专注于某个方面的设计，将其优化到极致，将可能导致另一方面的性能无法满足要求。例如，如果只关注战斗机的隐身性能，采用最极致的隐身结构设计，很可能导致飞机无法实现稳定飞行。又如，如果关注极致的轻量化设计，则可能在局部无法承受足够的应力强度，导致飞机存在空中解体的风险。我们在生产、生活、科研当中所遇到的对象，其包含的多学科关系往往都是第三种，因此多学科协同设计与优化已经成为人们当前普遍关注和重点研究的问题。

以无人旋翼飞行器的总体多学科优化问题为例 [23]，如图 2.22 所示，包含了系统级优化与学科级优化，子系统级学科选择重量、飞行力学、飞行性能、飞行品质以及旋翼气动设计学科。在无人旋翼飞行器分布式多目标协同优化中，以飞行力学学科为枢纽，通过对各海拔悬停、垂直爬升以及前飞状态进行配平计算，得到相应的功率曲线与状态矩阵进行飞行性能计算、飞行控制与飞行品质评估，并且将无人飞行器对应的巡航速度、迎角以及配平拉力传递至旋翼气动设计学科，得到更接近实际的计算输入。图 2.22 展示了系统级优化和多个子学科级优化的衔接关系与约束矩阵。

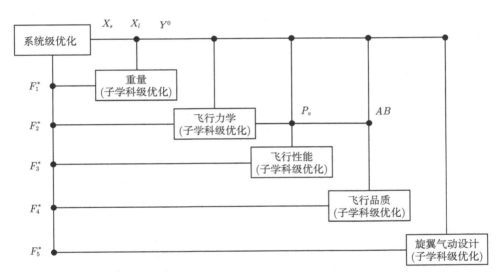

图 2.22   无人旋翼飞行器多学科设计结构矩阵

根据以上表述，可将分布式多目标协同优化方法和具体的无人旋翼飞行器多学科设计问题相结合，建立采用分布式多目标协同优化方法的无人旋翼飞行器设计优化框架，如图 2.23 所示。

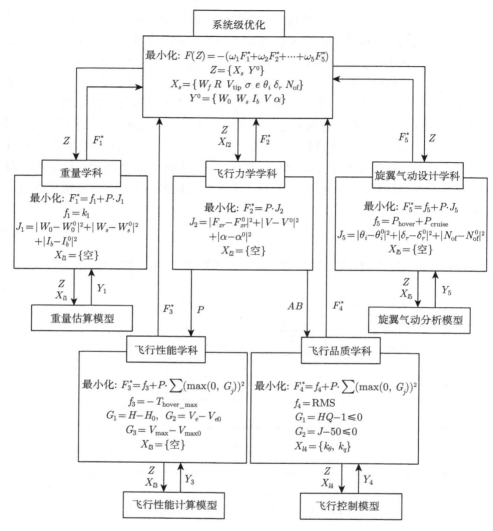

图 2.23　无人旋翼飞行器总体多学科设计优化框架

2.4　基于 RFLP 的微波光子多学科协同设计

2.4.1　微波光子多学科协同设计的概念

微波光子技术主要应用在电子信息系统中, 如第 1 章中所述, 微波光子学是微波学和光子学交叉融合的学科, 本身已经带有多学科特征。而作为完备的微波光子系统, 还会与信号处理、材料、热、力等学科产生交集, 因此微波光子多学科协同设计的基本概念可以描述如下。

在应用了微波光子技术的电子信息系统的设计过程中，利用微波、光子、(数字) 信号处理等不同学科的优势，以及结合材料、热、力、工艺等不同环节对系统可能产生的影响，研究以上各学科在系统设计和系统实际工作中相互作用的机制，增强不同学科的设计人员之间的动态交互能力，在系统全局或局部掌握多学科因素交联对系统功能或性能带来的影响，并通过协同改进来减小或消除不利的影响，加快系统设计的优化迭代。

对上述概念可以用图 2.24 来表示。微波光子系统设计是以信号/信息的处理为核心，在对信号/信息处理产生影响的各学科中，又根据作用的直接性，分为两个大类。其中，微波学、光子学和 (数字) 信号处理都能够对信号/信息产生直接的影响，而结构、热、力、工艺，以及有关的其他学科，对于信号/信息则是产生间接的影响。例如，在光纤传导信号的过程中，对光纤施加的作用力会改变其折射率，从而对其中传输的光信号的相位产生影响，当力进一步使光纤发生弯折时，还会改变信号传输的损耗；又如，热对电子学处理器的性能存在影响，从而间接影响对信号/信息处理的速率。

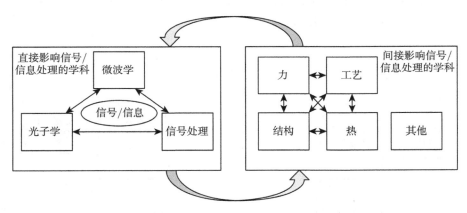

图 2.24　微波光子多学科协同设计的基本概念示意图

在图 2.24 中还可以看到，各个学科除了对系统的信号/信息处理产生直接或间接的影响之外，更加突出的特征是它们相互之间也会产生直接或间接的影响。

直接影响：微波学和光子学之间的相互影响最为显性，因为在微波光子系统中，都存在电光转换和光电转换这两个过程，信号在微波域或者光域所发生的变化都会直接转换并影响到对方。因此，对微波信号处理和光信号处理的设计不仅要考虑自身学科的特点和要求，同时也要考虑可能继承的前一个域的影响，或者可能产生的对下一个域的影响。

间接影响：受系统的实际应用场景限制，微波光子系统的工作环境可能存在很大差异，这些差异将以不同的力学环境 (如振动的轻微或剧烈)、不同的温度环境 (如常温、高温、低温，甚至温差循环)、不同的结构 (如尺寸宽松或紧凑，空间大小又将影响热效应) 来呈现，而这些因素的改变，将会影响微波器件、光子器件、数字器件的基本性能，并最终影响它们所构成的微波光子系统的性能。

不难想到，在微波光子系统设计中，如果不能清楚地梳理上述各学科之间的直接或间接影响关系，并且在设计过程中通过多学科协同的方式动态地完成系统优化迭代，那么将可能面临较大的设计失败风险。而运用 RFLP 系统工程设计方法，可以通过需求模型 (R)-功能模型 (F)-逻辑模型 (L)-物理模型 (P) 建立起微波光子系统各层级、各环节中多学科相互影响的关系，经过需求出发 → 功能确认 → 逻辑明确 → 物理实现 → 需求满足的循环迭代，是解决微波光子多学科协同设计问题的有效方法。

2.4.2　微波光子多学科协同设计的基本方法及流程

与 RFLP 系统设计方法相结合，微波光子多学科协同设计方法及过程可以采用如图 2.25 所示的 V 形图来表示。

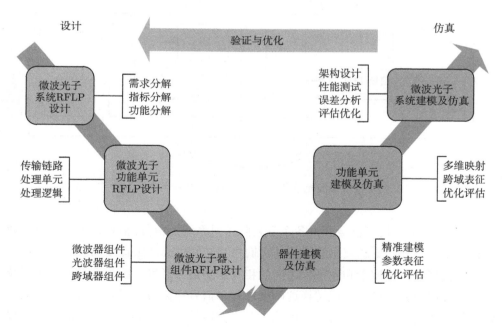

图 2.25　基于 RFLP 的微波光子多学科协同设计方法及过程

首先，微波光子多学科协同设计应当包含设计和仿真两个主要的部分。前者的目标是明确设计方案，后者的目标是验证设计方案，只有完成整个 V 形图设计过程，才能确保微波光子多学科协同设计的效果。其次，V 形图下降和上升结构代表微波光子系统设计需要从顶层需求开始，经由系统设计、功能单元设计、基础器件设计逐层细化。然后通过基础器件的建模，向上构建起单元和系统的整体模型。最后经过仿真结果与设计目标的对比，验证设计结果的正确性。

在设计部分，每一层级的设计都可以运用 RFLP 多视图描述的方法，将设计对象需求、功能、逻辑关系和物理实现描述清楚，具体分解的层数根据系统的复杂度不同而不同。

在仿真部分，对于基础器件的建模，重点关注的是模型的精确性，这是保证实现系统级精确仿真的基础；对于功能单元和全系统建模，重点关注的是关联关系，例如，信息在不同处理单元之间传输时，多维参数的映射关系；信息在跨越微波、光学、数字等不同处理域时的表征方法，以及在运用多学科仿真模型时，解决模型异构性对协同仿真的影响等。

而进一步将微波光子多学科协同设计过程与应用层、系统层和基础层设计进行关联的设计流程如图 2.26 所示。

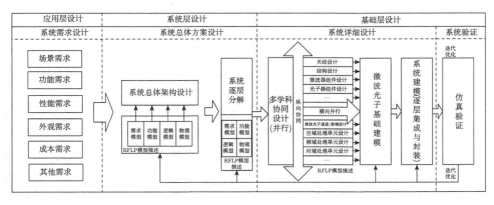

图 2.26　典型微波光子系统多学科协同设计基本流程示意图

在图 2.26 中，按照需求分析到系统验证的整个设计周期，将设计过程分为系统需求设计、系统总体方案设计、系统详细设计和系统验证四个主要阶段，并分别与前面介绍的应用层设计、系统层设计和基础层设计进行了关联。

1. 系统需求设计

该阶段主要与应用层设计进行关联。在这个阶段中，设计师主要的任务是对系统的各方面需求进行收集、整理、分析和确认，包括站在用户视角产生的需求，以及从用户基本需求进一步衍生出来的其他需求。例如，产品"用在什么地方""如何用""是否好用""成本是否合理"等方面。这一阶段对于多学科协同设计的需求主要是确认系统设计所需的技术资源、核心的技术构成，以及主要的技术路径等。对于系统的设计方案，多学科协同关系等尚未深入涉及。在系统需求设计阶段，设计需求可以采用条目化文字的方式，或者图形、表格方式，以及二者相结合的方式进行描述。

2. 系统总体方案设计

该阶段主要与系统层设计进行关联。在这个阶段，主要是系统设计师根据前期阶段需求分析 (应用层设计) 的结果，对系统的总体方案进行明确，包括的设计内容主要有：

(1) 提出系统的总体设计方案；

(2) 提出系统的功能组成，以及各部分功能单元相关的专业，以便于统筹设计师资源进行设计；

(3) 明确系统各功能单元采用的技术体制和功能单元之间的逻辑关系，以及在实体化功能单元之外，为保证系统功能正常而所需的逻辑单元等；

(4) 根据逻辑关系梳理得到的各功能单元之间的接口关系、信号流关系，以及控制关系等。

系统总体设计阶段，通常使用系统功能框图来直观表达设计方案，如图 2.27 所示。

在图 2.27 中，功能单元用方框表示，其中，实线方框代表实体功能单元，虚线方框代表虚拟化的功能单元，如算法程序等。实线箭头代表数据信号，虚线箭头代表控制信号，还可以采用其他线型和颜色来表示供电，以及具体区分微波信号、光信号、数字信号等。

系统功能框图的优点是能够非常直观地表达设计方案，相比文字描述更加容易理解，不易产生理解上的歧义。在基于 RFLP 的微波光子系统设计方法中，功能框图也是表达系统设计方案最常用的方法。

系统功能组成表通常与功能组成框图配合使用，来系统设计方案的部分细节。一个典型的系统功能组成表示例如表 2.1 所示。

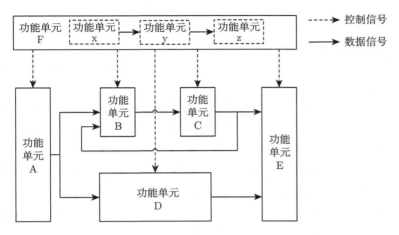

图 2.27 系统功能框图示意

表 2.1 系统功能组成表示例

序号	功能单元	子单元	功能要求 (功能设计)	接口与信号关系 (逻辑设计)	物理要求 (物理设计)	数量	备注
1	单元 A	子单元 a-1					
		子单元 a-2					
		子单元 a-3					
2	单元 B	子单元 b-1					
		子单元 b-2					
		子单元 b-3					
⋮	⋮	⋮	⋮	⋮	⋮	⋮	⋮
n	单元 N	子单元 n-1					
		子单元 n-2					
		子单元 n-3					
		子单元 n-4					

表 2.1 中,按照两级功能单元进行了举例,而在实际设计过程中,设计师可以根据需要进行更多层级的扩展,但是为了使表格不至于太过复杂,一般不超过三级功能单元来进行举例。如果设计的系统比较复杂,可以逐级、逐单元列表描述。

根据 RFLP 系统设计方法,功能单元组成表中可以包含功能要求 (对应 F)、接口与信号关系 (对应 L)、物理要求 (对应 P),其中:

"功能要求"栏主要描述单元具备的功能,包含定性的功能描述,以及与性能指标有关的定量描述。

　　"接口与信号关系" 栏主要是描述不同功能单元之间的连接关系、采用的接口类型、信号传输来源与去向、信号的类型等内容。

　　"物理要求" 栏主要描述单元的结构、尺寸、重量、供电等方面的要求，以及其他特殊要求，如三防、耐高温、抗辐照等。

　　通过总体方案设计，系统的功能组成得到明确，详细设计所需的学科也可以得到确认，并且学科之间的协同设计关系也能够使功能单元之间的逻辑关系得到直观的了解。

　　从图 2.26 中可以看到，系统总体方案设计还应当有一定程度的系统分解，特别是对于复杂系统，往往需要由多个层次的功能单元、子单元、模块、组件等构成。即使在总体方案设计阶段，为了更好地明确系统设计中的多学科组成和协同关系，系统设计师应当根据需要，将系统总体设计适当分解到一定的层级。而且分解得到的每个层级中的设计对象又可以作为一个 (子) 系统设计对象，运用 RFLP 设计方法对其进行多视图的设计，如图 2.28 所示。

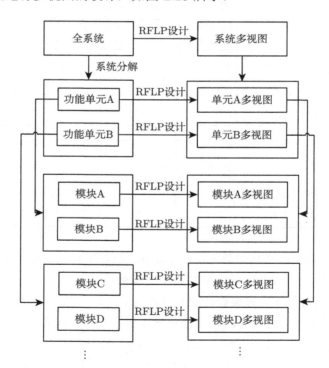

图 2.28　系统多层级 RFLP 设计的示意图

3. 系统详细设计

该阶段主要与基础层设计相关联,特点是由串行设计流程转入串/并混合的设计流程,也是开展多学科协同设计的重点阶段。

根据系统总体方案的分解,各个学科的设计人员在明确设计目标与设计要求之后,对负责的设计对象 (此时通常已经分解到模块、组件或者器件层级) 开展 RFLP 设计,明确设计对象的多视图。同时,该阶段的另一个重要工作是不同学科的设计人员运用仿真软件建立设计对象的仿真模型,在功能、性能、物理外形、接口等各方面满足 RFLP 设计的结果。同时,由于微波光子系统存在前面提到的学科之间的直接影响和间接影响关系,设计人员还需要与上下层级、上下游的设计师进行协同,接收来自其他学科设计师的输入,以及将自身的设计要求输出给有关学科的设计师,通过设计要求的不断交互来完成设计优化迭代。而对于典型微波光子系统来讲,如图 2.26 所示,针对系统通常涉及的功能单元,可以协同、并行开展天线设计、微波单元设计、光子学单元设计、数字处理单元设计、结构设计、工艺设计等,这些不同学科之间存在复杂的关联关系。根据微波光子系统的特点,各学科之间的影响关系可以大致归纳为图 2.24 所示内容,在设计过程中应考虑协同性。

在系统详细设计阶段的另一项重要工作就是需要通过仿真预测系统可能具有的性能。性能是判断设计是否满足要求的核心因素之一。与从系统顶层向下逐层分解进行 RFLP 设计的顺序不同的是,为了实现系统性能的准确仿真,建模需要从基础器件层级开始,只有基础器件得到了精确建模,才能逐层向上构建组件、模块、单元和系统的精确模型。因此,在图 2.26 中,位于并行开展的多学科设计之后的重要工作是对微波光子基础器件进行建模 (关于微波光子基础器件的建模方法将在本书的第 3 章中进行介绍);然后,运用基础器件模型,逐层向上构建系统模型 (关于微波光子处理单元的设计和建模仿真将在第 4 章中介绍,关于微波光子系统的设计和建模仿真将在第 5 章中介绍)。但是,不同学科的设计人员建立的模型通常来讲是不能直接进行协同仿真的,因为这些模型通常来自不同的专业仿真软件,或者不同的设计师在采用通用仿真软件 (如 MATLAB) 进行建模时,依据自身的习惯和爱好,对参数、接口等的定义都会不同,这些不同学科设计人员产生的模型统称异构模型,只有对异构模型进行了统一封装,它们才能用于系统模型的构建 (关于异构模型封装的内容将在第 6 章中进行介绍)。

4. 系统验证

最后,对构建的系统仿真模型进行验证,将仿真结果与设计需求进行对比,分析误差产生的原因,并逐层级向下定位影响误差的环节及其相关参数。而对于修正系统模型,通常有两种途径:

一是不改变系统模型组成,通过修改基础器件或者组件的某项/某些参数,影响系统的最终性能,达到设计要求。这样对于系统设计方案的影响较小,通常会首先采用这种方法进行优化。但是由于基础器件对于系统性能的影响通常是很有限的,如果系统性能仿真结果与设计要求差距太大,则此种方法通常难以满足要求。

二是修改系统组成,通过增加、减少、替换某些器件或模块来较大幅度地调整系统的性能。这样的优化对于设计方案的改动是较大的,通常需要反馈到系统顶层来确认设计方案的修改。

2.4.3   微波光子多学科协同设计中的关键问题

从前面的介绍可以看出,微波光子多学科协同设计的完整周期包含设计过程与仿真过程,为了实现系统的精确设计,以及解决多学科之间的差异性对协同设计的影响,还需要解决一些问题。本节概要性地阐述这些问题存在的原因。

1. 微波光子基础器件的精确建模与跨域参量匹配问题

微波光子器件在微波光子系统中属于最基本的构成单元,所有组件级或系统级的行为特性归根到底属于不同类型器件的复杂组合和参数控制。在运用基础器件模型逐层向上构建系统模型的过程中,模型误差会积累和放大,导致最终系统仿真结果与真实情况可能存在较大差异。因此,底层基础器件的精确建模具有非常重要的意义。但是,实现器件精确建模会涉及许多问题 (图 2.29),如接口定义、参数体系、非线性、噪声和环境参量等因素,以及它们的综合作用。而在不同类型的器件模型中,上述各项因素的相互作用机理可能截然不同。微波光子基础器件精确建模面临的主要问题如下。

(1) 微波光子器件的多学科交叉特性导致建模困难,电光互转换器件涉及复杂的微波光子相互作用机制,单纯的原理性模型难以描述真实物理器件的大量寄生特性。

(2) 真实物理器件性能参数的环境参量相关特性极其复杂,必须深入研究温度场与器件模型参数的耦合关系及传递模型,成体系地对微波光子器件进行信号、噪声以及环境参量多维度交联建模。

(3) 微波光子器件的多域映射特性导致器件模型接口复杂多样,对于同一个器件可能会同时存在微波域、微波光子混合域以及光域之间的传输映射特性,截然不同的多域参数体系相互融合必须要解决通用边界及接口问题。

(4) 混合域中微波光子器件精确的测试评价以及实物参数提取困难，必须研究混合域中器件模型参数的解耦测试理论方法及规范，以此为基础在模型中进行反演迭代优化也是精准建模的关键。

(5) 微波域以及光域中分别都有成熟的仿真软件以及仿真模型，现有的光域仿真软件主要针对光通信技术而开发，在微波领域的仿真模型的参数与光域仿真模型的参数语义、种类、数量等差别非常大，因此各自的模型参量是完全不匹配的。光域中的主要参量描述的是光载波信号，而微波光子领域所关注的却是调制到光载波的基带电信号的参数变化情况。微波域的电信号在调制到光载波之后其各项参数通过光载波的何种参数进行传递，以及光域的部分参数如何影响微波域的电信号参数，微波域参数和光域参数之间相互转换的影响机理等都是需要解决的问题。

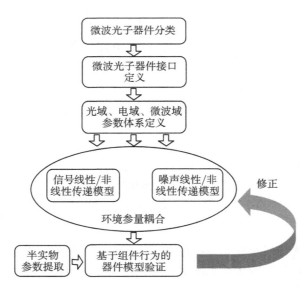

图 2.29 微波光子基础器件精确建模与跨域参量匹配涉及的问题

2. 微波光子处理单元的时空频多域信息映射与耦合

当运用微波光子基础模型构建微波光子功能单元或微波光子系统时，信息在不同处理单元之间的转换、映射、耦合等情况就随之出现。由于微波光子系统是典型的以特定拓扑功能网络进行信息处理的系统，信息的转换、映射、耦合都将使得这些不同的功能网络产生关联。

　　根据微波光子单元的主要处理功能，通常可以划分为时域、频域、空域和混合域处理，如图 2.30 所示，再加上电、光、数字转换的过程，整个微波光子系统设计将存在以信息为主线、多域复杂交织的问题，难以通过单一域的建模实现整个功能系统的设计，而且也会存在不同域信号处理功能单元的连接和组合困难问题。因此，需要研究信息在微波光子处理单元之间进行多域映射的问题，并基于信息映射后的参量转换将微波光子处理单元进行匹配。

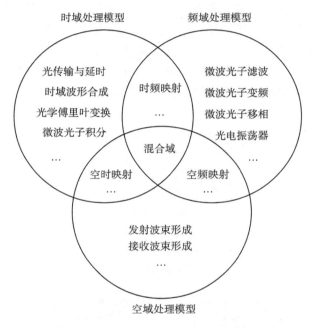

图 2.30　典型微波光子时空频处理模型

　　另外，微波光子时空频处理模型是多维度上、多个亚功能单元经级联、反馈等连接和组合的产物，除了信息映射问题，还可能因为特定的信号流关系，导致处理单元内部或者处理单元之间的时、空、频多域参量存在相互耦合的问题，从而使微波光子处理单元的建模面临更加复杂的互耦问题。

3. 微波光子异构模型协同仿真问题

　　在多学科协同设计中，不同学科的设计人员对典型微波光子电子信息系统的设计和仿真所贡献的模型是个性化的，如图 2.31 所示。一方面，多学科设计人员利用专业仿真工具进行建模，其导出的模型高度依赖专业软件，相互之间接口不开放、数据格式多样化；另一方面，由于缺乏微波光子建模的规范，设计师建模时对模型的接口定义、数据格式等完全按照个人习惯设置。以上情况导致微波光子模型难以直接满足系统级仿真的应用需求。

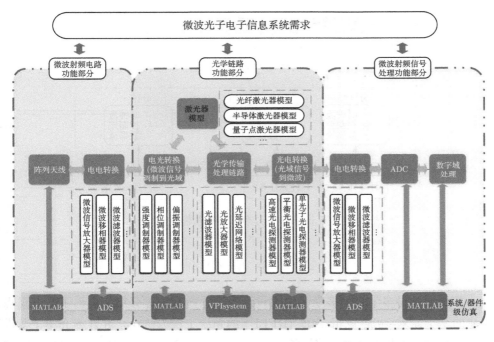

图 2.31 典型微波光子电子信息系统多学科建模示意图

本书将上述问题称为微波光子异构模型的协同仿真问题,尤其是对于应用了不同专业仿真软件所建立的模型,设计师能够对模型内部进行变更的可能性很小,此时,一种有效的方法是对异构模型进行统一封装,在模型外部增加数据转换单元、接口和代理运行算法,将数据格式、接口和运行环境进行统一,从而实现异构模型的协同仿真。

4. 微波光子复杂模型的高效仿真

微波光子系统所具有的宽带、阵列多通道、高精度等特性,都对应着处理数据量的增大,综合起来之后更是导致仿真运行面临海量数据处理的问题。虽然计算机的运行处理速度每年都在加快,但是普通计算机的计算能力仍然远不能满足微波光子系统设计的快速迭代要求。为了推广微波光子多学科协同设计在普通计算机平台上的应用,在单节点计算能力有限的情况下,图 2.32 给出了一种典型的分布式仿真架构。通过布设一定数量的普通计算节点,然后通过分布式并行仿真引擎将仿真计算任务合理分配到整个计算网络上，这是提升微波光子复杂模型仿真效率的有效手段。

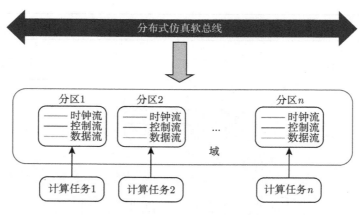

图 2.32　分布式仿真架构

2.5　本 章 小 结

本章通过对多学科和多学科协同设计的概念内涵进行介绍，引出了本书重点关注的基于需求-功能-逻辑-物理 (RFLP) 的系统工程方法论，并详细介绍了其设计方法和设计流程。接着，将微波光子设计与 RFLP 方法论相结合，梳理出微波光子多学科协同设计中的关键问题。

参 考 文 献

[1] 李响, 李为吉. 复杂工程系统优化设计面临的问题及解决方法. 机械工程学报, 2006, 42(6): 156-160.

[2] 余雄庆, 丁运亮. 多学科设计优化算法及其在飞行器设计中应用. 航空学报, 2000, 21(1): 1-6.

[3] 陈炉云, 郭维, 王德禹. 多学科设计优化技术在舰船设计中的应用. 船海工程, 2006, 35(4): 28-31.

[4] AIAA Multidisciplinary Design Optimization Technical Committee. Current state of the art on multidisciplinary design optimization (MDO). AIAA White Paper, 1991.

[5] Sobieszczanski-Sobieski J. A linear decomposition method for large optimization problems. Blueprint for development. NASA Technical Memorandum 83248, 1982.

[6] AIAA Technical Activities Committee. Current state of the art on multidisciplinary design optimization. AIAA White Paper, 1991.

[7] Sohlenius G. Concurrent engineering. CIRP Annals, 1992, 41(2): 645-655.

[8] Cutkosky M R, Engelmore R S, Fikes R E, et al. PACT: An experiment in integrating concurrent engineering systems. Computer, 1993, 26(1): 28-37.

[9] Korte J J, Weston R P, Zang T A. Multidisciplinary optimization methods for preliminary design. AGARD Interpanel Symposium, Paris, 1997.

[10] Steward D V. System Analysis and Management. New York: Petrocelli Books, 1981.

[11] 赵敏, 崔维成. 多学科设计优化研究应用现状综述. 中国造船, 2007, 48(3): 63-72.

[12] 王书河, 何麟书, 张玉珠. 飞行器多学科设计优化软件系统. 北京航空航天大学学报, 2005, 31(1): 51-55.

[13] Michelena N F, Papalambros P Y. A hypergraph framework for optimal model-based decomposition of design problems. Computational Optimization and Applications, 1997, 8(2): 173-196.

[14] Sobieszczanski-Sobieski J. Multidisciplinary aerospace design optimization survey of recent developments. AIAA-1996-0711, 1996.

[15] Sellar R S. Response surface based, concurrent subspace optimization for multidisciplinary system design. AIAA-1996-0714, 1996.

[16] 刘克龙, 姚卫星. 多学科设计优化的低自由度协同优化方法. 南京航空航天大学学报, 2007, 39(3): 317-322.

[17] Kroo I, Altus S, Braun R, et al. Multidisciplinary optimization methods for aircraft preliminary design. AIAA-1994-4325, 1994.

[18] Hoffann H P. System engineering best practices with the rational solution for systems and software engineering. New York: IBM Corporation, 2011.

[19] 丁鼎. 基于模型的系统工程在民机领域的应用. 沈阳航空航天大学学报, 2012, 29(4): 47-50, 54.

[20] 余驰, 邓兴民, 张钢峰, 等. 基于模型的系统工程在机载武器发射系统应用研究. 兵工自动化, 2017, 36(12): 1-3, 12.

[21] 傅有光, 储晓彬, 李明. 基于 MBSE 的雷达数字化系统设计方法. 现代雷达, 2017, 39(5): 1-7.

[22] 吴颖, 刘俊堂, 郑党党. 基于模型的系统工程技术探析. 航空科学技术, 2015, 26(9): 69-73.

[23] 赵洪. 基于飞行品质的无人旋翼飞行器总体多学科设计优化研究. 南京: 南京航空航天大学, 2018.

第 3 章　微波光子基础器件建模及优化

微波光子器件是构成微波光子链路和系统的基本元素，器件的性能显著影响着微波光子技术优势的发挥，在微波光子系统中，微波与光波信号复杂的作用关系使准确评估微波光子器件性能变得较为困难，因此对微波光子器件的精准建模以及对微波光子系统的仿真分析尤为重要。本章首先介绍微波光子器件建模的分类和挑战，接着详细阐述微波光子器件的建模方法，最后介绍微波光子器件的参数表征和模型优化方法。

3.1　概　　述

3.1.1　微波光子器件分类

为了更好地构建微波光子器件仿真设计模型，首先需要对常用微波光子器件进行梳理与分类。微波光子技术是在光域完成微波信号的产生、传输、分配等处理，因此微波光子系统在构成上可分为三大部分：电光转换、光电转换与全光网络 [1,2]。电光转换与光电转换是微波/电域信号与光域信号的重要接口，其中电光转换完成微波信号对光载波的调制功能，光电转换完成光载微波信号的解调功能。而全光网络又可细分为光传输与分配及光处理两类，它是由有源/无源光子器件构成的，可以完成宽带射频拉远、稳相传输、光域微波变频、光学真延时、光子滤波等不同功能。

因此可将微波光子器件划分为电光转换类、光电转换类、光传输与分配类及光处理类等四大类，并结合器件工作特性或器件结构接口的不同进一步细化如下。

1) 电光转换类器件

电光转换类器件分类如图 3.1 所示，包括光源子类与光调制子类。在光源子类中，直调激光器为双端口器件，一个射频输入端口和一个光学输出端口，可直接完成射频信号到光信号的转换；而连续光激光器与白光源则为单端口器件，主要作用是产生光载波。光调制子类一般为三端口器件，包括一个射频输入端口、一个光输入端口以及一个光输出端口，同时隐含了控制调制器工作点的调控接口。对于并行级联调制器等特种器件，输入射频端口可能更多。

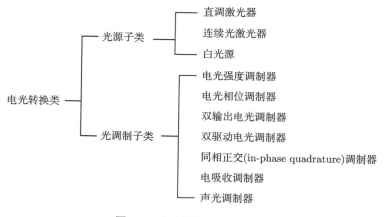

图 3.1　电光转换类器件分类

2) 光电转换类器件

光电转换类器件主要是不同结构、不同功能的光电探测器,如图 3.2 所示。该器件为光进射频出型的器件,利用探测器的平方律响应特性实现对光载微波信号的解调。

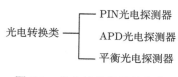

图 3.2　光电转换类器件分类

3) 光传输与分配类器件

光传输与分配类器件完成光载微波信号的长距离传输、信号路由、分波与合波等功能,如图 3.3 所示,具体包括光纤、偏振相关、分波、合波、光开关、光环行器、光隔离器等。该类器件为光进光出型器件,并且部分器件端口数量较多。

4) 光处理类器件

光处理类器件完成光信号的幅度与相位调控,以及对特定频率光信号的抑制与选通等功能,因此该类器件主要分为光放大/衰减、光延时/移相、光滤波等,根据器件结构与功能,具体构成如图 3.4 所示。

综上所述,微波光子器件不同分类的接口关系如图 3.5 所示,包含四种类型,分别为仅光出 (光源)、光入电出 (光电转换)、电入光出 (光调制)、光入光出 (光处理)。

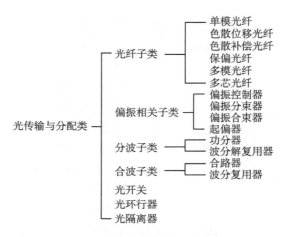

图 3.3　光传输与分配类器件分类

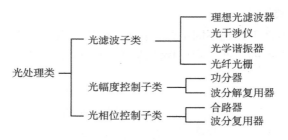

图 3.4　光处理类器件分类

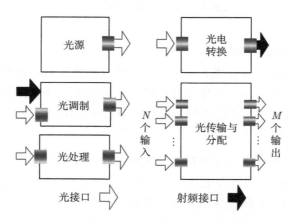

图 3.5　微波光子器件分类及接口示意图

微波光子器件模型是微波光子系统设计环节的基础层，具体如图 3.6 所示。

本书针对微波光子器件的特点，从多个层面对器件进行模型设计，包括噪声模型、基于经验公式的行为级模型、基于器件机理的物理层模型，通过引入非线性及环境参量的影响，提高器件仿真模型的逼真度与精准度，支撑复杂微波光子系统的设计、仿真与分析。需要注意的是，本方法用于对模型的行为描述，不对微波光子器件的物理机理做深入研究。当然，在模型构建的过程中需要在一定程度上基于器件物理机理来建模以提高模型的精准度，更好地支撑上一层级应用的设计与验证。

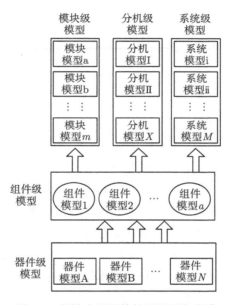

图 3.6　微波光子器件的不同层次关系

3.1.2　微波光子器件建模挑战

微波光子器件种类众多、功能差异大、器件特性复杂，因此准确构建微波光子器件仿真模型具有非常大的挑战，具体表现如下 [3-5]。

(1) 微波与光波信号波长尺度跨度大。

微波光子器件需要在光域处理射频信号。电磁频谱的划分如图 3.7 所示 [6]，待处理的射频信号频率一般在几兆赫兹到几十吉赫兹,而光波信号主要是 1310nm(O 波段) 与 1550nm(C 波段) 两个光通信窗口，以 C 波段为主，光信号频率约为 193THz，可以看出微波信号与光波信号在频率上相差 4~5 个数量级，这就给微波光子器件跨域建模带来了极大的挑战。

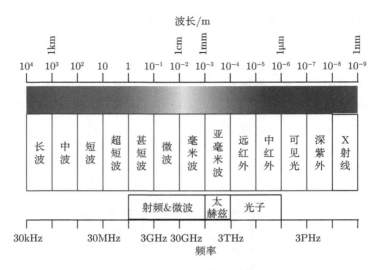

图 3.7　电磁频谱示意图

(2) 微波光子器件参数传递关系复杂，且存在多参量间的相互作用。

微波光子器件参数传递包括微波信号与光信号自身在器件中存在的固有传递关系、微波与光波相互作用的传递关系，以及光波与光波之间和微波与微波之间的传递关系，上述过程复杂且相互耦合。例如，在电光调制器中，微波信号通过行波电极在电光效应的作用下对光载波信号进行调制，调制过程受到微波信号与光波信号之间相速度匹配度的影响，同时微波信号在金属电极中传输也会产生损耗以及阻抗匹配引起的反射损耗，这些因素综合在一起影响最终的调制效率。

(3) 微波光子器件具有复杂的噪声分布。

微波光子系统具有多种噪声来源，包括激光器 RIN、调制器输入热噪声、光电探测器的散弹噪声、探测器输出热噪声以及光放大器的 ASE 噪声，如图 3.8 所示。其中，ASE 在宽带范围内表现出平坦特性，而 RIN 由于受到激光器弛豫振荡峰的限制，其值与频率有直接对应关系，因此表现出起伏特性。上述特性决定了微波光子系统的噪声表征与传统微波系统不同，难以通过简单的噪声级联公式进行建模分析。在微波光子系统中，光器件位于中间节点，不能在光域进行噪声表征，需要转换到电域，即光电探测之前引入的噪声都是通过光电转换后以整体形式叠加到微波信号上综合表征得到的。

(4) 微波光子器件具有复杂的非线性产生与传递过程。

微波光子系统为模拟信号的光传输与处理系统，因此线性度是衡量系统性能的核心指标之一。通常线性度越好，系统动态范围越大，利于同时对微弱信号与

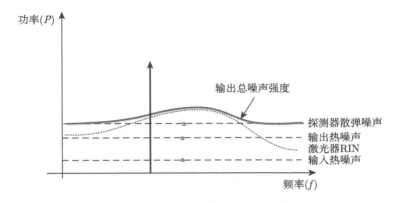

图 3.8 微波光子系统噪声组成示意图

强信号进行探测。微波光子器件尤其是光收发器件，主要为有源光子器件，器件本身存在一定的非线性。例如，常用的电光调制器采用马赫-曾德尔双臂干涉结构实现，当输入信号较强时，调制深度达到饱和，信号产生压缩，部分能量由基频传递给高次谐波；探测器由于受到饱和功率的限制，也存在信号压缩的过程，同时无源光子器件，如光纤等本身具有一定的非线性，都极大地增加了非线性模型建立的难度。

3.2 微波光子器件建模方法

微波光子器件建模需要充分考虑器件的噪声和非线性两个核心因素对模型性能的影响，因此本节首先对微波光子器件建模中的噪声和非线性进行详细介绍，接着介绍两种一般性的器件建模方法，最后给出了一种适用于微波光子模型仿真的数据通信协议。

3.2.1 微波光子器件噪声建模

不同微波光子器件具有不同的噪声来源，其中激光器 RIN 具有频率相关分布；其余为白噪声，噪声强度与频率无关。

1. RIN 的产生分析

激光器 RIN 描述的是激光器的输出光功率 P_{LD} 相对于其平均值存在随机的抖动，如式 (3.1) 所示[7]：

$$P_{LD} = P_0 + \delta P(t) \tag{3.1}$$

式中，P_0 是平均光功率；$\delta P(t)$ 表示光功率的随机抖动，通常根据电学中信噪比 (SNR) 的概念将激光器的 RIN 定义为

$$\text{RIN} \equiv \frac{\langle \delta P(t)^2 \rangle}{P_0^2} \tag{3.2}$$

对于半导体激光器来说，随机变量 $\delta P(t)$ 的单边功率谱密度 $S_{\delta P}(\omega)$ 通常都具有频率相关性，因此从伴随着信号而出现的噪声谱密度的角度来分析，需要将激光器的 RIN 定义为单位带宽的 RIN：

$$\frac{\text{RIN}}{\Delta f} \equiv \frac{S_{\delta P}(\omega)}{P_0^2} \tag{3.3}$$

在后面的讨论中，激光器的 RIN 均是指式 (3.3) 所定义的单位带宽的 RIN。

激光器输出功率、噪声特性与器件参数之间的映射关系可以从反映激光器工作特性的速率方程来求解。

对于半导体激光器，谐振腔内的光子浓度 P 和载流子浓度 N 可以通过求解下面的速率方程来确定：

$$\begin{cases} \dfrac{\mathrm{d}N}{\mathrm{d}t} = \dfrac{I}{q} - \dfrac{N}{\tau_n} - \dfrac{\Gamma v_{\mathrm{g}}}{V} g(N - N_{\mathrm{T}})P \\[2mm] \dfrac{\mathrm{d}P}{\mathrm{d}t} = \dfrac{\Gamma v_{\mathrm{g}} g}{V}(N - N_{\mathrm{T}})P + \beta \dfrac{N}{\tau_n} - \dfrac{P}{\tau_p} \\[2mm] g = k_{\mathrm{B}}(N - N_1) \end{cases} \tag{3.4}$$

式中，N 为有源层中的载流子数目；g 为有源区增益；P 为有源层中的光子数目；N_{T} 为透明阈值之上的载流子数，$N_{\mathrm{T}} = n_t V$，n_t 为单位体积载流子数量；I 为偏置电流；q 为电荷；τ_n 为载流子寿命；τ_p 为光子寿命；v_{g} 为有源层中光波的群速度，也可表示为 $v_{\mathrm{g}} = c/n_{\mathrm{g}}$，其中 n_{g} 是群指数；β 为 ASE 系数，由于 β 仅和波长与激光器相同的自发光子有关，其值较小；V 为有源层的体积；Γ 为有源层光场限制因子；k_{B} 为玻尔兹曼常量；N_1 为光吸收消耗的载流子数目。式 (3.4) 的第一行为载流子守恒方程，等号右边第一项对应感应电流带来的光子产生过程，第二项对应没有受激辐射条件下的载流子复合，第三项对应受激辐射引起的复合过程。第二行描述了光子守恒方程，等号右边第一项对应受激辐射带来的光子产生过程，第二项对应 ASE 带来的光子产生过程，第三项对应由于光吸收引起的空穴内光子损耗。给定偏置电流 I，通过对上述方程组的求解可以得到激光器的输出功率 P_{LD} 为

$$P_{\mathrm{LD}} = \frac{h v_{\mathrm{g}}}{q} \frac{\alpha_m}{\alpha_m + \alpha_{\mathrm{int}}} (I_0 - I_{\mathrm{th}}) \tag{3.5}$$

式中，α_m 为端面反射损耗；α_{int} 为芯片内部光损耗；h 为普朗克常量；I_0 为注入光电流；I_{th} 为阈值光电流。

为了描述激光器的噪声特性，在速率方程 (3.4) 中引入 Langevin 力的变量，从而变为

$$
\begin{cases}
\dfrac{\mathrm{d}N}{\mathrm{d}t} = \dfrac{I}{q} - \dfrac{N}{\tau_n} - \dfrac{\Gamma v_{\mathrm{g}}}{V} g(N - N_{\mathrm{T}})P + F_N(t) \\[3mm]
\dfrac{\mathrm{d}P}{\mathrm{d}t} = \dfrac{\Gamma v_{\mathrm{g}} g}{V}(N - N_{\mathrm{T}})P + \beta \dfrac{N}{\tau_n} - \dfrac{P}{\tau_p} + F_P(t)
\end{cases}
\tag{3.6}
$$

式中，$F_N(t)$ 和 $F_P(t)$ 为相应于随机信号的 Langevin 力，该随机信号通过高斯随机过程 ($\langle F_N(t) \rangle = \langle F_P(t) \rangle = 0$) 来定义，其相关函数可表示为

$$
\begin{cases}
F_N(t) = -F_N(t) \\[2mm]
\langle F_N(t)F_N(t + \Delta t) \rangle = \langle F_P(t)F_P(t + \Delta t) \rangle = \dfrac{2\beta P_0 N_0}{\tau_n}\delta(\Delta t) \\[3mm]
\langle F_N(t)F_P(t + \Delta t) \rangle = -\dfrac{2\beta P_0 N_0}{\tau_n}\delta(\Delta t)
\end{cases}
\tag{3.7}
$$

式中，$\delta(\Delta t)$ 为狄拉克 (Dirac) 函数。将式 (3.7) 代入速率方程，则可得到 RIN 的表达式如式 (3.8) 所示[8]，其相对于频率的分布如图 3.9 所示。

$$
\mathrm{RIN} = \frac{2\left\langle |\Delta P(f_{\mathrm{RF}})|^2 \right\rangle \Delta f_{\mathrm{RF}}}{P_0^2} = \frac{4\beta \Omega_R^4 \tau_P}{\left(\dfrac{I_0}{I_{\mathrm{th}}} - 1\right)\left[(\Omega_R^2 - \omega_{\mathrm{RF}}^2) + \Gamma_R^2\right]}\Delta f_{\mathrm{RF}}
\tag{3.8}
$$

式中，Ω_R 为张弛振荡频率；ω_{RF} 为射频信号的角频率；$\Gamma_R = \dfrac{\Gamma a v_{\mathrm{g}}}{V}\dfrac{\tau_P}{q}(I_0 - I_{\mathrm{th}})$，$a$ 为差分增益系数；f_{RF} 为射频信号的频率。

2. 白噪声建模

根据前面的描述，白噪声包括输入输出热噪声、散弹噪声等。

1) 热噪声

热噪声通常定义为电阻 R 上的均方根电压：

$$
\langle V^2 \rangle = \frac{4RBhf}{\mathrm{e}^{hf/(k_{\mathrm{B}}T)} - 1}
\tag{3.9}
$$

式中，B 为带宽；f 为频率；h 为普朗克常量；k_{B} 为玻尔兹曼常量；T 为温度。根据式 (3.9) 可知，热噪声的功率谱密度 (PSD) 可表示为

$$
P_{\mathrm{Nth}} = \frac{\langle V^2 \rangle}{4RB} = \frac{hf}{\mathrm{e}^{hf/(k_{\mathrm{B}}T)} - 1}
\tag{3.10}
$$

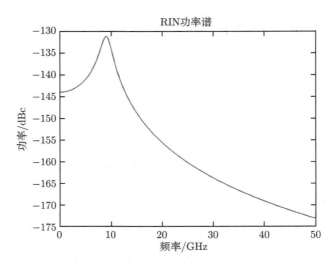

图 3.9　典型的激光器 RIN 分布

通常 $k_\text{B}T \gg hf$，因此按照泰勒公式展开有

$$e^{hf/(k_\text{B}T)} = \sum_{n=0}^{\infty} \frac{1}{n!} \left(\frac{hf}{k_\text{B}T} \right)^n \approx 1 + \frac{hf}{k_\text{B}T} \tag{3.11}$$

则热噪声的噪声功率谱可近似表示为 $P_\text{Nth} = k_\text{B}T$。

2) 散弹噪声

散弹噪声是一种量子噪声,在探测器中输入光场可以认为具有相干量子态,根据泊松理论,它存在随机波动,即散弹噪声,这就使探测器输出信号中具有散弹噪声的光电流。

散弹噪声的功率谱密度可表示为

$$P_\text{Nshot} = 2qI_\text{dc}R \tag{3.12}$$

式中, I_dc 为直流光电流。

3) 噪声模型

我们知道在自然界中噪声具有无限的频谱宽度,具有无限的能量,无限的数据长度,因此在理论上无法得到一个真正意义上的噪声信号。在现实世界中,由于受到通道带宽、信号分析带宽的限制,通常不需要知道噪声信号的全频谱分布。因此为了得到噪声模型,通常情况下采用匹配滤波方式得到带限的噪声信号,即通过增加窗函数对产生的噪声随机信号进行信号选通,该过程可表示为

$$\hat{n}(t) = h(t) * n(t) \tag{3.13}$$

式中，$h(t)$ 为滤波器响应；$n(t)$ 为输入噪声信号；$\hat{n}(t)$ 为带限白噪声信号。带限白噪声主要包括两种：一种是低频段到高频段的跨频段连续覆盖的带限白噪声，该噪声可通过增加低通滤波器滤波得到；另一种是只覆盖中间一定频率范围的带限白噪声，采用带通滤波器滤波得到，具体如图 3.10 所示。

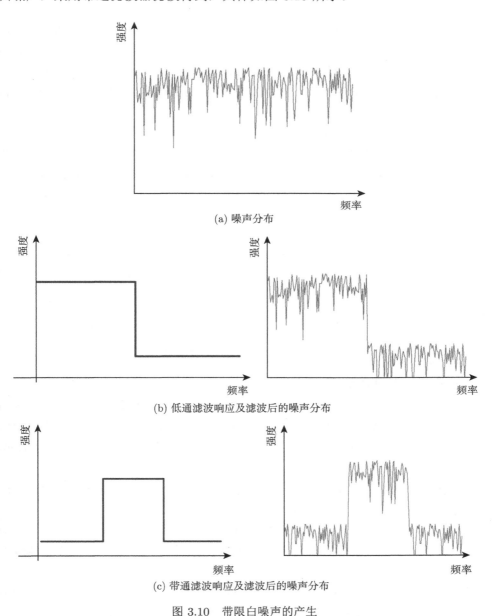

(a) 噪声分布

(b) 低通滤波响应及滤波后的噪声分布

(c) 带通滤波响应及滤波后的噪声分布

图 3.10　带限白噪声的产生

为了模拟噪声信号，一般采用随机函数产生一定数据长度及一定概率分布的噪声序列，例如，MATLAB 软件定义了一系列的随机信号发生函数，包括 awgn 函数、randn 函数等。

3. 噪声模型与器件模型的耦合方法

噪声主要通过两种形式对器件产生影响：一种是以加性噪声的方式作用到器件上，如白噪声等；另一种是以乘性噪声的形式作用到器件中，如频率噪声、相位噪声等[9]。需要注意的是，本书定义的加性噪声与乘性噪声是相对于待处理信号而言的，例如，器件热噪声、探测器散弹噪声及激光器的 RIN，只要器件工作，系统中都会存在该噪声。

1) 加性噪声到信号的耦合

加性噪声到信号的耦合可以用式 (3.14) 来表示，调制器引入的热噪声及探测器产生的散弹噪声与输出热噪声均为加性噪声，其作用过程如图 3.11 所示。

$$S_n(t) = S(t) + \hat{n}(t) \tag{3.14}$$

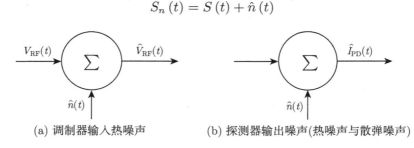

(a) 调制器输入热噪声　　　　　(b) 探测器输出噪声(热噪声与散弹噪声)

图 3.11　加性噪声作用模型图

2) 乘性噪声到信号的耦合

对于激光器而言，主要包括 RIN 与相位噪声。引起 RIN 的因素很多，包括激光器模式竞争、谐振腔噪声以及激光器弛豫振荡，用 $\hat{n}_A(t)$ 表示；激光器相位噪声主要是谐振腔反馈环路不稳定造成的，主要体现在线宽增加，用 $\hat{n}_P(t)$ 表示，作用过程如图 3.12 所示。

乘性噪声主要是通过调制对信号发生作用。理想情况下，激光器的输出表达形式如式 (3.15) 所示：

$$E_{\mathrm{LD}}(t) = A e^{\mathrm{j}(\omega_c t + \theta_0)} \tag{3.15}$$

式中，ω_c 为激光器角频率；θ_0 为激光器初始相位。经过噪声调制后的激光器输出信号可表示为

$$\hat{E}_{\mathrm{LD}}(t) = [A + m_A \hat{n}_A(t)] e^{\mathrm{j}[\omega_c t + \theta_0 + m_P \hat{n}_P(t)]} \tag{3.16}$$

式中，m_A 为强度噪声的调制系数；m_P 为相位噪声的调制系数。

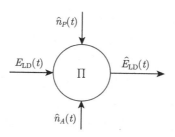

图 3.12 乘性噪声作用模型

RIN 在激光器模型中的嵌入过程如图 3.13 所示,通过建立与频率相关的 RIN 表达,使模型充分体现激光器 RIN 物理特性;其次,利用时-频域转换算法,可以完成 RIN 数据按照时间采样率的转换,有利于进一步与激光器强度信息的加权合并。利用该方法,模型在建立激光器本身光学信息的基础上,有效补充在射频域 RIN 参数的性能影响。

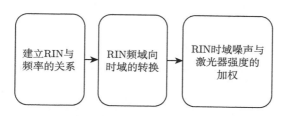

图 3.13 RIN 在激光器模型中的嵌入过程

此外,微波光子器件种类丰富,机理不同,在建模时应选择不同的建模方法。例如,激光器是基于谐振腔,通过复杂的反复振荡过程来激发某一频率的稳定光子态;而调制器则是通过电场或电压的变换来调控输出光信号的折射率、吸收率、振幅或相位。前者由于存在复杂的振荡和反馈过程,物理模型虽然能够保证准确度,但模型仿真时间长,难以直接嵌入系统使用,因此采用基于经验公式的行为级模型来表述更为合适;而后者是基于信号流单向传递的,物理模型表征在保证精度的同时又能快速完成计算,因此采用基于器件机理的物理模型表述更为合适。

3.2.2 微波光子器件非线性建模

非线性是微波光子器件的重要特性之一,主要来源于两个方面:① 电光-光电转换过程信号响应的非线性,例如,直调激光器、电光调制器等并不是理想的线性响应,在小信号条件下,线性度较好,但是在大信号条件下由于响应能力的限制就会因为非线性导致信号压缩;② 光-光作用过程中的非线性,如四波混频效应、受激散射效应等。对于第一种情况，压缩主要是带来响应能力的降低；对于第二种情况，除了引起响应能力的变化，还会产生新的频率成分。

以直调激光器为例，它的调制特性通常根据其 *P-I* 曲线得到。以图 3.14 为例，当确定好激光器的直流偏置点后即可确定激光器的转换效率与非线性特性。由于难以通过直接对激光器的响应过程进行建模来得到调制特性，因此可以通过对激光器的 *P-I* 曲线进行测试，根据测试得到的数据可拟合得到激光器 *P-I* 曲线的函数关系为

$$P_{\mathrm{opt}} = f(I) \tag{3.17}$$

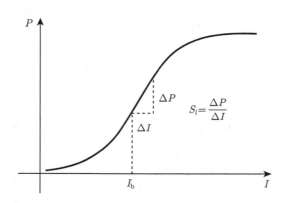

图 3.14　直调激光器响应特性

当加上调制信号后，驱动电流可表示为

$$I = i_B + i_m \cos(\omega_{\mathrm{RF}} t) \tag{3.18}$$

式中，i_B 为激光器的偏置电流；i_m 为调制信号的电流。

调制后，输出光信号为

$$P_{\mathrm{opt}}(t) = F(t) \tag{3.19}$$

为了获得其非线性特性，式 (3.19) 可按照傅里叶变换进一步展开为

$$P_{\mathrm{opt}}(t) = F_0 + F_1 \cos(\omega_{\mathrm{RF}} t) + F_2 \cos(2\omega_{\mathrm{RF}} t) + \cdots \tag{3.20}$$

其中

$$F_0 = \frac{1}{T} \int_0^T F(t) \mathrm{d}t$$
$$\cdots \tag{3.21}$$
$$F_k = \frac{2}{T} \int_0^T F(t) \cos(k\omega_{\mathrm{RF}} t) \mathrm{d}t$$

根据式 (3.21) 即可得到经过电光转换后的谐波产生情况。同理可对调制器、探测器等其他微波光子器件进行非线性特性建模。

3.2.3 基于经验公式的行为级模型建模

微波光子器件可以分为四类，分别是电光转换类、光电转换类、光传输与分配类，以及光处理类。这四大类型的器件建模可以归纳为两种方法：基于经验公式的行为级模型建模方法，以及基于器件机理的物理模型建模方法。一般地，激光器、探测器、光放大器、光纤等器件适合使用基于经验公式的行为级模型建模方法，如图 3.15 所示。因为该方法可以避免复杂的物理过程模拟导致的低仿真效率，又可以用相对简洁的公式准确表达器件的行为特性，从而直接建立器件参数与链路指标的映射关系。基于经验公式的行为级模型建模主要是通过对器件的功能、输入输出特性进行数学抽象，得到其函数表达式，可以不依赖于器件的工作机理得到。下面以激光器和光电探测器为例进行说明。

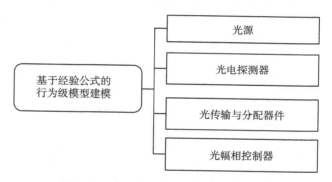

图 3.15 基于行为特性建模的器件类型

1. 激光器建模

激光器是微波光子系统的核心器件，它的主要功能是为微波光子系统提供光载波，常用的表示符号如图 3.16 所示。

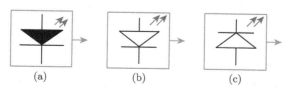

图 3.16 激光器模型符号

由于激光器产生的光信号为电磁波，它具备幅度、频率、相位、偏振态等几个维度的参数，因此激光器数学模型可简单抽象为正弦信号形式来表征：

$$E_{\text{out}}(t) = \sqrt{2P_{\text{LD}}}\mathrm{e}^{\mathrm{j}(2\pi f_c t+\theta_0)}\boldsymbol{e}_x \tag{3.22}$$

式中，P_{LD} 为激光器功率；f_c 为激光器输出频率；θ_0 为激光器的初始相位；$\boldsymbol{e}_x$ 为激光器的偏振方向。

在实际情况中，激光器除了幅度、频率、相位等参数以外，还需要考虑噪声的影响，包括强度噪声、相位噪声等，噪声的大小与分布情况显著影响了微波光子系统的性能及应用场景[10,11]。因此考虑到噪声的作用，激光器数学模型可进一步完善为式 (3.23) 所示，其产生的典型光谱输出如图 3.17 所示。

$$E_{\text{out}}(t) = \left(\sqrt{2P_{\text{LD}}} + N_{\text{RIN}}\right)\mathrm{e}^{\mathrm{j}[2\pi f_c t+\theta_0+N_\theta(t)]}\boldsymbol{e}_x \tag{3.23}$$

式中，$N_\theta(t)$ 为激光器的相位噪声。

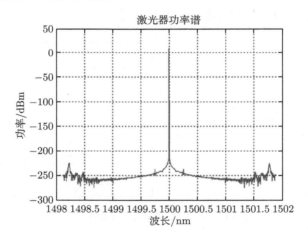

图 3.17　激光器功率谱

2. 光电探测器模型

光电探测器的功能是将输入光功率转换为光电流输出，常用的表示符号如图 3.18 所示。

光电探测器输出光电流随输入光功率的变化而线性变化，输入光功率大，则输出光电流就大，输入光功率小，则输出光电流就小。对于调制后的光载波，其瞬时光功率与射频信号的大小呈线性关系，因此通过光电探测即可得到随时间变化的射频信号。在数学上光电探测器的模型可表示为

$$I_{\text{out}}(t) = \frac{1}{2}\Re_{\text{pd}}\langle E_{\text{in}}(t) \times E_{\text{in}}^*(t)\rangle \tag{3.24}$$

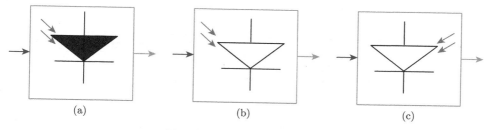

图 3.18　光电探测器模型符号

式中，$\Re_{pd}$ 为 PD 的响应度；$E_{in}(t)$ 为输入调制器的光载波信号；$E_{in}^*(t)$ 为输入调制器的光载波信号的共轭。

考虑到光电探测器受到芯片响应带宽的限制 (与载流子迁移速率以及时间常数等有关) 以及阻抗匹配的影响，光电探测器只能对特定频率进行正常响应，近似于在后端串联一个低通滤波器，如图 3.19 所示。

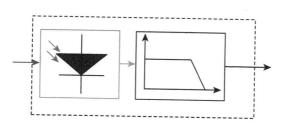

图 3.19　光电探测器模型示意图

因此，考虑到频响的影响，并结合噪声特性，光电探测器的输出可表示为

$$I_{out}(t) = \left[\frac{1}{2} \Re_{pd} \langle E_{in}(t) \times E_{in}^*(t) \rangle + \hat{n}_{shot}(t) + \hat{n}_{th}(t) \right] \otimes h_{pd}(t) \tag{3.25}$$

式中，$\hat{n}_{shot}(t)$ 为探测器的散弹噪声；$\hat{n}_{th}(t)$ 为探测器的热噪声；$h_{pd}(t)$ 为探测器匹配电路的响应。

3.2.4　基于器件机理的物理模型建模

电光调制器、滤波器等器件的输入输出关系与器件瞬态响应过程强相关，且有明确的解析表达形式，该类微波光子器件则适用于基于器件机理的物理模型建模方法以得到更高精准度的器件模型，如图 3.20 所示，具体过程如下。

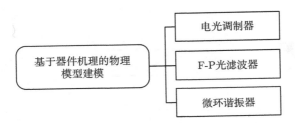

图 3.20　基于器件机理的物理建模的器件类型

1. 电光调制器建模

电光调制器是微波光子系统中常用的器件之一，它的作用是完成微波信号的电光转换，采用调制器进行电光转换具有带宽大、调制效率高、灵活性好的优点，其符号表示如图 3.21 所示。

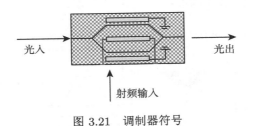

图 3.21　调制器符号

电光调制器具有简单的双臂干涉结构，利用铌酸锂波导的电光效应实现微波信号对传输光场相位的调制，通过干涉转换为强度调制，其调制特性如图 3.22 所示。通过改变调制器偏置点的位置，可以得到不同的调制效果[11,12]。

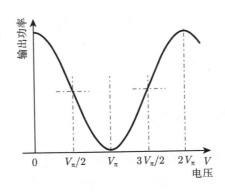

图 3.22　调制器响应曲线

根据调制器的器件结构，其输出光场可以表示为

$$E_{\text{out}}(t) = \frac{E_{\text{in}}(t)}{2} 10^{-L_{\text{M}}/20} \left[\begin{array}{l} \sqrt{\dfrac{10^{\text{ER}/10}-1}{2\times 10^{\text{ER}/10}}} e^{j\pi V_{\text{RF}}(t)/V_{\pi\text{RF}}} \\[4mm] + \left(1 - \sqrt{\dfrac{10^{\text{ER}/10}+1}{2\times 10^{\text{ER}/10}}}\right) e^{j\pi V_{\text{dc}}/V_{\pi\text{dc}}} \end{array} \right] \tag{3.26}$$

式中，$E_{\text{in}}(t)$ 为输入调制器的光载波信号；L_{M} 为调制器光插损；$V_{\text{RF}}(t)$ 为输入射频信号的时域电压；$V_{\pi\text{RF}}$ 为调制器的射频半波电压；ER 为调制器消光比；V_{dc} 为直流偏置电压；$V_{\pi\text{dc}}$ 为调制器的直流半波电压。一般地，对光载波与射频信号定义 $E_{\text{in}}(t) = \sqrt{2P_0}\exp(j\omega_c t)$；$V_{\text{RF}}(t) = V_{\text{RF}}\cos(\omega_{\text{RF}}t)$。

根据调制器的非线性特性，将式 (3.26) 按贝塞尔函数展开有

$$E_{\text{out}}(t)$$

$$= \frac{E_{\text{in}}(t)\, 10^{-L_{\text{M}}/20}}{2} \left[\begin{array}{l} \sqrt{\dfrac{10^{\text{ER}/10}-1}{2\times 10^{\text{ER}/10}}} e^{j\pi V_{\text{RF}}(t)/V_{\pi\text{RF}}} \\[4mm] + \sqrt{\dfrac{10^{\text{ER}/10}+1}{2\times 10^{\text{ER}/10}}} e^{-j\pi V_{\text{RF}}(t)/V_{\pi\text{RF}}} e^{j\pi V_{\text{dc}}/V_{\pi\text{dc}}} \end{array} \right]$$

$$= \frac{E_{\text{in}}(t)\, 10^{-L_{\text{M}}/20}}{2} \left[\begin{array}{l} \sqrt{\dfrac{10^{\text{ER}/10}-1}{2\times 10^{\text{ER}/10}}} \displaystyle\sum_{n=-\infty}^{+\infty} j^n J_n(m) e^{jn\omega_{\text{RF}}t} \\[4mm] + \sqrt{\dfrac{10^{\text{ER}/10}+1}{2\times 10^{\text{ER}/10}}} \displaystyle\sum_{n=-\infty}^{+\infty} (-j)^n J_n(m) e^{jn\omega_{\text{RF}}t} e^{j\pi V_{\text{dc}}/V_{\pi\text{DC}}} \end{array} \right]$$

$$\tag{3.27}$$

式中，$J_n(m)$ 为 n 阶贝塞尔函数。

可以看出，经过调制后输出光谱含有多个频率分量，且对称分布在载波的左右两侧，频率间隔即为调制的射频信号频率，如图 3.23 所示。

2. 法布里-珀罗 (F-P) 腔建模

法布里-珀罗 (F-P) 腔是由两个反射面组成的谐振腔，如图 3.24 所示，输入光信号在 F-P 腔的两个反射面之间经过多次反射相干叠加后输出。

我们知道，光信号在 F-P 腔中传输时，在时域上具有延时相干叠加的特性，即

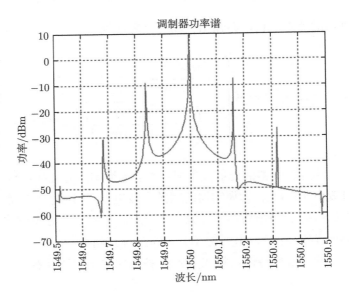

图 3.23　调制器功率谱

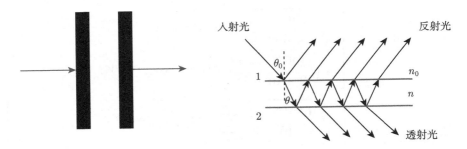

图 3.24　F-P 腔结构及原理

$$
\begin{cases}
E_{01 \cdot r} = r \cdot E_{0i} \\
E_{02 \cdot r} = r_1 \cdot t \cdot t_1 \cdot E_{0i} \cdot \mathrm{e}^{\mathrm{i}\phi} \\
\vdots \\
E_{0L \cdot r} = r_1^{2L-2} \cdot t \cdot t_1 \cdot E_{0i} \cdot \mathrm{e}^{\mathrm{i}(L-1)\phi}
\end{cases}
\tag{3.28}
$$

式中，$E_{01 \cdot r}$ 为第一次反射的输出光场；r 为上界面反射率；E_{0i} 为输入光场；$E_{02 \cdot r}$ 为第二次反射的输出光场；r_1 为下界面反射率；t 为上界面的透射率；t_1 为下界面的透射率；$\phi = k \cdot \Delta = \dfrac{4\pi}{\lambda} \cdot n \cdot h \cdot \cos\theta$ 为两反射面之间的相位差，其中，λ 为波长，n 为折射率，h 为 F-P 谐振腔的宽度；L 为第 L 次反射。

最终合成的信号复振幅为

$$E_{0r} = E_{01 \cdot r} + t \cdot t_1 \cdot r_1 \cdot E_{0i} \cdot \mathrm{e}^{\mathrm{i}\phi} \sum_{n=0}^{\infty} r_1^{2n} \cdot \mathrm{e}^{\mathrm{i}\phi n} \tag{3.29}$$

根据菲涅耳公式，式 (3.29) 可简化为

$$E_{0r} = \frac{1 - \mathrm{e}^{\mathrm{i}\phi}}{1 - R \cdot \mathrm{e}^{\mathrm{i}\phi}} \cdot \sqrt{R} \cdot E_{0i} \tag{3.30}$$

式中，R 为 F-P 腔端面反射率。

根据式 (3.30)，可以得到 F-P 腔的输入输出频响特性：

$$I_r = \frac{F \cdot \sin(\phi/2)^2}{1 + F \cdot \sin(\phi/2)^2} \cdot I_i \tag{3.31}$$

式中，$F = 4R/(1-R)^2$ 为精细度。图 3.25 给出了 F-P 腔幅频响应与相频响应仿真曲线。

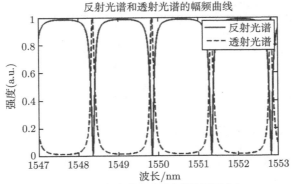

(a) 反射光谱和透射光谱的幅频响应

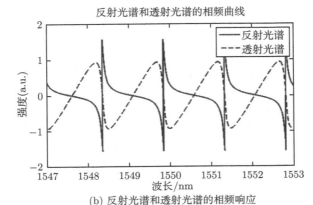

(b) 反射光谱和透射光谱的相频响应

图 3.25　F-P 腔幅频响应与相频响应

　　由于 F-P 腔具有周期性的幅频响应与相频响应,因此难以在时域上直接给出输入输出信号之间的映射关系,尤其是当输入信号具有复杂的频谱成分时,频域处理更为方便,因此 F-P 腔模型的接口传递过程如图 3.26 所示,滤波器幅频响应及经过滤波后的输出光谱特性如图 3.27 所示。

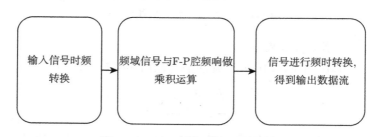

图 3.26　F-P 腔模型接口传递过程

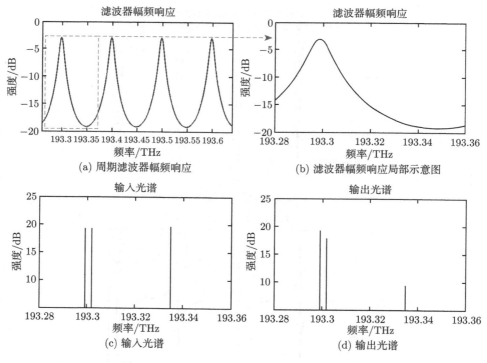

图 3.27　F-P 腔频响与多波长滤波结果示意图

3.2.5　微波光子器件建模协议

　　微波光子器件模型的核心是算法,但为了保证模型与模型之间能正常交换数据，各个模型需要按一定的要求、准则来进行编写，即建模协议。建立的代码要具备可读性好、灵活性高、通用性强且可扩展的能力；另外，要形成模型设计文件，并建立模型的设计规范，约束所有器件具备统一的格式，确保平台能正常调用。模型构成如图 3.28 所示。

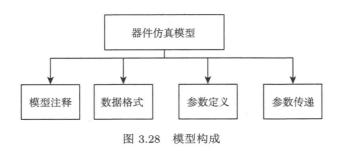

图 3.28　模型构成

1. 模型注释

为了增加仿真代码的可读性，每个器件的模型要增加注释，注释包括三个方面：一是对模型的整体信息进行说明，包括创建时间、作者、版本号等；二是对模型接口、模型参数的说明，接口的说明包括接口属性 (光接口或者射频接口或者控制接口)、接口类型 (输入接口或者输出接口) 及数据长度，模型参数的说明包括参数名称、物理含义、单位、取值范围及默认值；三是对模型代码主体部分的描述，例如，放在代码后面负责对各行代码进行备注或解释，增加可读性等。

2. 数据格式

数据格式的定义，一方面需适配模型内部数据的转换，另一方面负责模型间数据的传递。并且根据物理类型的不同，数据格式主要分为射频数据格式与光数据格式。其中，射频信号输入输出数据格式如图 3.29 所示。

图 3.29　射频信号输入输出数据格式

其中，光学信号输入输出数据格式如图 3.30 所示。

图 3.30 光学信号输入输出数据格式

其中，时序信号代表了信号流。

3. 参数定义

模型参数包含物理常数、全局变量与局部变量。

其中，全局变量为平台运行时所有模型统一采用的数据，主要为用于定义仿真环境的参数取值，如采样率、采样时长、数据长度等。局部变量为用户可定义的参数，包括器件参数、工作状态、控制信号、环境温度等，它只在本模型内部有效。

4. 参数传递

参数传递包括参数转换、变量赋值及输入输出接口，按照模型的数学关系进行数据转换与传递。

3.3 微波光子器件参数提取及表征方法

微波光子器件不仅种类多，而且各器件参数体系也非常庞大，因此针对主要器件的关键参数做分析与说明。

微波光子器件主要参数体系如表 3.1 所示，包括电光转换类器件、光电转换类器件、光光器件以及微波光收发器件等，器件接口涉及微波接口、光接口及低频电接口，因此微波光子器件需要表征的参数主要有直流信号、微波信号与光信号三大类；而微波组件主要为电电接口，表征的是微波相关参数[13]。

微波光子器件光学参数的提取与表征主要借助可调谐激光器、宽谱光源、光谱分析仪、光功率计等；电学参数的表征主要借助示波器、万用表、直流稳压电源等；而微波参数的表征主要借助信号源、频谱仪、噪声系数分析仪、矢量网络分析仪、相位噪声分析仪等。微波光子典型参数测试设备如图 3.31 所示。

表 3.1 微波光子器件主要参数体系表

器件类型	光学参数	电学参数
电光转换类器件	光功率 光波长 偏振消光比 线宽 边模抑制比 …	输入 1dB 压缩点 调制带宽 半波电压 RIN IIP3 …
光电转换类器件	饱和光功率 输入波长范围 光回损 …	工作带宽 响应度 暗电流 …
光光器件	波长范围 插入损耗 光回损 隔离度 色散系数 …	工作带宽 延时量 切换时间 …
微波光收发器件	…	增益 噪声系数 SFDR CDR 附加相噪 …

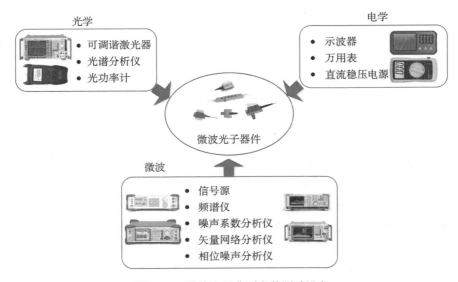

图 3.31 微波光子典型参数测试设备

3.3.1　激光器参数提取与表征

描述激光器性能指标的参数有很多，如输出波长、输出功率、边模抑制比、发光效率、偏振消光比、阈值电流等，这里主要考虑激光器线宽与 RIN 的表征，一方面，如输出波长、输出功率是常规指标，容易表征；另一方面，如阈值电流、边模抑制比、偏振消光比等参数对链路指标影响不大，因此不作为关注对象。而激光器线宽、RIN 对链路噪声指标影响较大，对该指标的准确表征与分析决定了激光器模型的精准性，因此需要对其进行重点关注。

1. 线宽提取与表征

激光器线宽提取方法有很多，包括自差法、外差法和光谱仪测量等。如表 3.2 所示，当线宽在吉赫兹以上时，可通过高精度光谱仪直接测量获得线宽；当线宽在兆赫兹甚至千赫兹量级时，需要通过外差法或者自差法来获取线宽。

表 3.2　激光器线宽提取方法

方法	光谱仪测量	外差法	自差法
最小分辨率	GHz	kHz	kHz
对象	多波长	多波长	单波长

通常，待测激光器输出线宽在兆赫兹量级，同时为单波长输出，因此这里采用自差法进行测试。根据 Wiener-Khinchin 定律，可以由自相关函数得到其功率谱密度，同时当 $\tau_d > \tau_c$ 时，可以简化表达为

$$S(\omega, \tau_d) = \frac{P_0^2 \frac{\tau_c}{2}}{1 + (\omega \pm \Omega)^2 \tau_c^2} \tag{3.32}$$

式中，P_0 为光功率；τ_c 为激光器相干时间；τ_d 为两条光路的相对延时；Ω 为声光移频器的频移量；ω 为激光器的频率。

通过对激光器解相干输出自相关功率谱密度的测试即可获得激光器线宽参数，其装置如图 3.32 所示。将连续波激光器的输出通过分束器一分为二，一路经过长距离光纤延时，另一路经过声光移频器将中心波长移动给定数值。然后通过合束器将两路激光耦合一起输出到光电探测器上，并将其输出的信号连接到频谱仪上。

线宽测量结果如图 3.33 所示，为不同延时长度下的功率谱密度曲线。当延时增加时，信号的强度从 δ 函数的峰向洛伦兹型基底转移，直到两路光经延时后变得完全不相干，功率谱变为洛伦兹型，δ 函数峰两边的波动是幂指数函数导致的。延时要大于 6 倍的相干时间，光电流功率谱的半峰全宽 (FWHM) 才基本保持不变，测量比较准确，否则测量将出现较大的偏差。

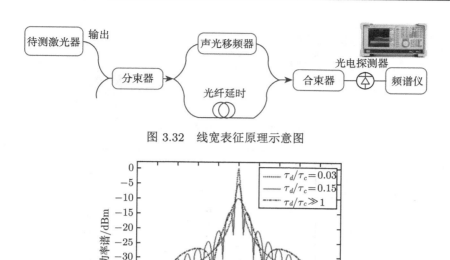

图 3.32 线宽表征原理示意图

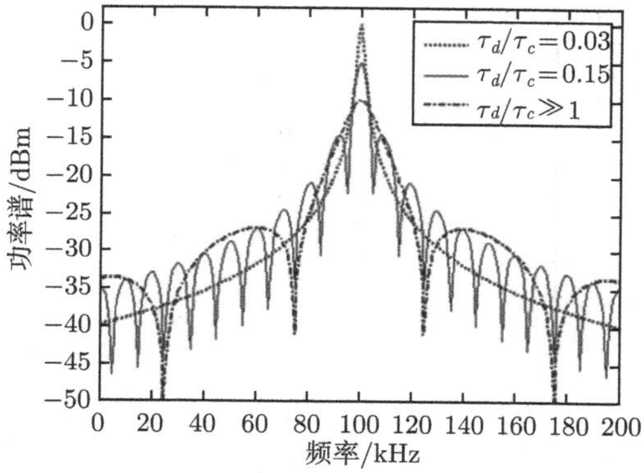

图 3.33 线宽测量结果

2. 激光器 RIN 提取与表征

激光器 RIN 无法在光域直接测得，必须借助光电探测器将光转换成电信号后间接测得。连续波激光器 RIN 提取装置图如图 3.34 所示，调节驱动电流使激光器工作正常出光，将输出连接到探测器输入端，经光电转换为直流光电流，光功率过大则通过光衰减器衰减至最大可接收光功率水平，然后将探测器输出进行放大并耦合进入频谱分析仪中观测其噪声水平，根据噪声水平反推其 RIN 的大小。

$$\text{RIN} = 10\lg\left(\frac{10^{\frac{N_1-60}{10}} - 10^{\frac{N_2-60}{10}}}{5}\right) - G_{\text{amplifier}} + 6\text{dB} \tag{3.33}$$

式中，N_1 为放大后输出噪声；N_2 为放大后热噪声和散弹噪声之和；$G_{\text{amplifier}}$ 为放大器增益。

基于式 (3.33)，根据频谱仪测量的噪声数值可以反推出待测激光器的 RIN 值。如图 3.35 所示，为实际商用激光器测量的 RIN，可以看到，弛豫振荡频率为 13GHz，峰值噪声约为 −159dB/Hz，均与产品参数相似，说明该方法可以很好地提取表征激光器的 RIN。同时，该方法的测量范围由放大器与频谱仪的工作范围

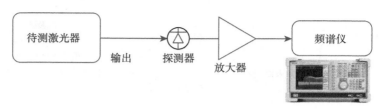

图 3.34　激光器 RIN 提取方法

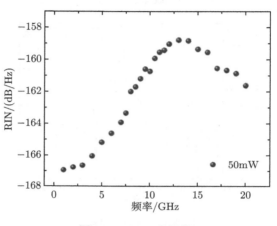

图 3.35　RIN 实测值

决定，可达到 40GHz，可以完全覆盖 RIN 的弛豫振荡频率，利用频谱仪的多次测量平均，数值精度可小于 1dB/Hz。

3.3.2　调制器参数提取与表征

半波电压是调制器的重要参数之一，包括直流半波电压与射频半波电压，直流半波电压可以通过电压扫描快速测得，而射频半波电压是综合所有物理过程提炼出来的一个参数，因此也不能直接测量。本书介绍了一种采用间接测量调制输出光谱的方式进行半波电压的提取与表征的方法，测试系统架构如图 3.36 所示。

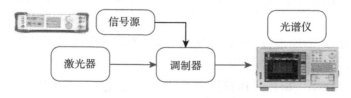

图 3.36　调制器半波电压提取方法

射频信号经过调制器后，输出光场可以表示为

$$
\begin{aligned}
E\left(t\right) &= \frac{\sqrt{2P_0 L_{\mathrm{M}}}}{2}\exp\left(\mathrm{j}\omega_c t\right)\left\{\exp\left[\mathrm{j}\theta\left(t\right)\right]+1\right\} \\
&= \frac{\sqrt{2P_0 L_{\mathrm{M}}}}{2}\exp\left(\mathrm{j}\omega_c t\right)\left\{\exp\left[\mathrm{j}\pi\frac{V_{\mathrm{RF}}\left(t\right)}{V_{\pi\_\mathrm{RF}}}\right]+\exp\left(\mathrm{j}\pi\frac{V_{\mathrm{dc}}}{V_{\pi\mathrm{dc}}}\right)\right\} \\
&= \frac{\sqrt{2P_0 L_{\mathrm{M}}}}{2}\exp\left(\mathrm{j}\omega_c t\right)\left\{\exp\left[\mathrm{j}m\cos\left(\omega_{\mathrm{RF}}t\right)\right]+\exp\left(\mathrm{j}\pi\frac{V_{\mathrm{dc}}}{V_{\pi\mathrm{dc}}}\right)\right\} \\
&= \frac{\sqrt{2P_0 L_{\mathrm{M}}}}{2}\exp\left(\mathrm{j}\omega_c t\right)\left[\sum_{n=-\infty}^{n=\infty}\mathrm{j}^n \mathrm{J}_n\left(m\right)\exp\left(\mathrm{j}n\omega_{\mathrm{RF}}t\right)+\exp\left(\mathrm{j}\pi\frac{V_{\mathrm{dc}}}{V_{\pi\mathrm{dc}}}\right)\right]
\end{aligned}
\tag{3.34}
$$

由式 (3.34) 可知, 其载波强度为

$$
E_0 = \frac{\sqrt{2P_0 L_{\mathrm{M}}}}{2}\exp\left(\mathrm{j}\omega_c t\right)\left[\mathrm{J}_0\left(m\right)+\exp\left(\mathrm{j}\pi\frac{V_{\mathrm{dc}}}{V_{\pi\mathrm{dc}}}\right)\right]
\tag{3.35}
$$

其边带强度为

$$
E_n = \frac{\sqrt{2P_0 L_{\mathrm{M}}}}{2}\mathrm{j}^n \mathrm{J}_n\left(m\right)\exp\left[\mathrm{j}\left(\omega_c t+n\omega_{\mathrm{RF}}t\right)\right]
\tag{3.36}
$$

因此, 可推导出其载波与边带的功率之比:

$$
\gamma_n = 20\lg\frac{\left|\mathrm{J}_0\left(m\right)+\exp\left(\mathrm{j}\pi V_{\mathrm{dc}}/V_{\pi\mathrm{dc}}\right)\right|}{\mathrm{J}_n\left(m\right)}
\tag{3.37}
$$

由式 (3.37) 可知, 当调制器工作点确定后, 对于任意调制深度, γ_n 有唯一取值。

测试结果如图 3.37 所示。

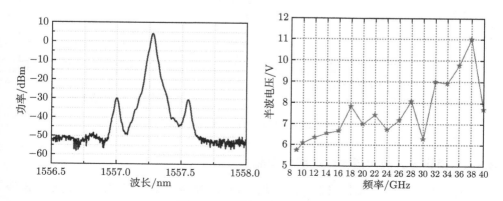

图 3.37 调制光谱测试结果

3.3.3 探测器参数提取与表征

探测器响应度表征探测器对光信号的响应能力，它可以表示为

$$\Re_{\mathrm{pd}} = \frac{I_p}{P_{\mathrm{in}}} \tag{3.38}$$

式中，I_p 为输出光电流；P_{in} 为输入光功率。

探测器响应度的测量方法如图 3.38 所示，用光功率计和万用表分别测量出进入被测探测器的光功率和在此光功率下产生的光电流，即可根据公式得出被测探测器的响应度，其典型测试表征结果如图 3.39 所示。

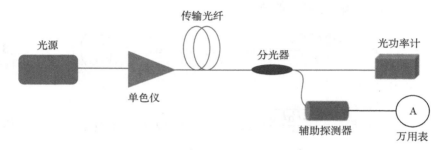

图 3.38 探测器响应度测量方法

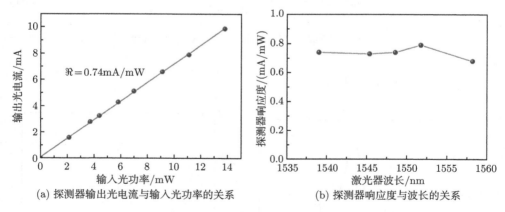

(a) 探测器输出光电流与输入光功率的关系   (b) 探测器响应度与波长的关系

图 3.39 探测器响应度表征结果

3.3.4 掺铒光纤放大器参数提取与表征

由于掺铒光纤放大器 (EDFA) 在放大信号的同时，沿途积聚的铒离子噪声经放大形成了放大的 ASE，成为放大器的基本噪声源。EDFA 的主要噪声有信号光

的散弹噪声、ASE 谱的散弹噪声、ASE 谱和信号光之间的差拍噪声、ASE 光谱分量之间的差拍噪声。散弹噪声是针对接收机而言的，其产生的根源在于入射的光子信号对接收机来说存在时间上的不确定性，产生的电子-空穴对数量存在时域上的起伏，信号光、ASE 谱成分、残余的泵浦光等都会产生散弹噪声，它是接收机固有的噪声之一。在实际测量中，只考虑信号光的散弹噪声和信号光与 ASE 之间的差拍噪声，则 EDFA 对整个微波光传输链路噪声的影响可由式 (3.39) 计算得到[14]：

$$\text{RIN}_{\text{EDFA}} = \frac{2hc}{\lambda P_{\text{in}}}\left(1 - \frac{1}{G_{\text{EDFA}}}\right)\text{NF}_{\text{EDFA}} \tag{3.39}$$

式中，G_{EDFA} 为光放大器增益；NF_{EDFA} 为光放大器噪声系数；c 为真空中光速；h 为普朗克常量；λ 为信号光波长；P_{in} 为输入信号光功率。由式 (3.39) 可知，光放大器增益越高、输入功率越小、噪声系数越大，对链路噪声恶化越严重。

EDFA 的 NF_{EDFA} 噪声系数提取方法如图 3.40 所示。首先，通过强度调制器将单点射频信号加载到激光器上，再通过 EDFA 进行功率放大，然后通过探测器进行光电转换，最后通过频谱仪记录信噪比。光信号放大前后的射频信号信噪比的比值即为 EDFA 的噪声系数 NF_{EDFA}。

$$\text{NF}_{\text{EDFA}} = \frac{\text{SNR}(0)}{\text{SNR}(L)} \tag{3.40}$$

式中，$\text{SNR}(0)$ 为不加光放大器时的输出信噪比；$\text{SNR}(L)$ 为经光放大器放大后的输出信噪比。

图 3.40 EDFA 噪声系数提取装置图

图 3.41 为 EDFA 放大前后的射频信号曲线，可以看到由于 EDFA 的噪声影响，射频信号尽管在信号强度上会增大，但相应的噪声也会放大，同时还会叠加 EDFA 的噪声。因此，整体上射频信号的信噪比会进一步恶化，两者的差值即体现 EDFA 的噪声系数。

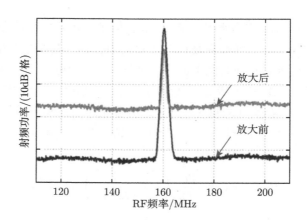

图 3.41 EDFA 放大前后的射频信号

3.3.5 光滤波器参数提取与表征

光滤波器种类很多，包括波分复用与解复用器、光栅、MZI、F-P 腔等，但是滤波器的指标体系大致相同，包括中心波长、带宽、带外抑制度、光插损等，根据滤波器性能的不同可以采用不同的测量方法。例如，对于带宽的测试，波分复用与解复用器由于具有较宽的通道带宽，因此可采用常规的宽谱光源结合光谱分析仪的测量方法进行参数提取，如图 3.42 所示。

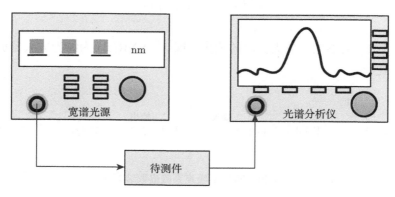

图 3.42 光滤波器参数表征方法

由于受到光谱分析仪分辨率的限制，上述参数提取方法适合于带宽在数十皮米以上滤波器的测试。对于带宽更窄的滤波器，需要采用可调谐激光源结合光功率计的方式进行测量，如图 3.43 所示，利用激光器的高调谐精度，实现皮米甚至亚皮米级的精细光谱测量。

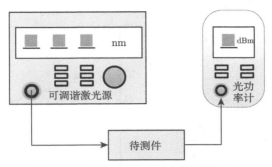

图 3.43 窄带宽光滤波器参数表征方法

3.3.6 电光互转换组件参数表征

根据前面的分析可知,电光互转换组件主要采用射频进射频出的接口形式,因此该指标体系与常规的微波器件一致,如表 3.3 所示,包括工作频率、增益、驻波、平坦度、群延时、噪声系数、P_{-1}、动态范围、IIP3、谐波抑制等,常用的测量仪器包括信号源、频谱仪、矢量网络分析仪、噪声系数分析仪等。

表 3.3 电光互转换组件参数名称与对应仪器

序号	参数名称	测试仪器
1	工作频率	矢量网络分析仪
2	增益	矢量网络分析仪
3	驻波	矢量网络分析仪
4	平坦度	矢量网络分析仪
5	群延时	矢量网络分析仪
6	噪声系数	噪声系数分析仪
7	P_{-1}	信号源 + 频谱仪
8	动态范围	信号源 + 频谱仪

工作频率是指电光互转换组件的增益、平坦度、噪声系数等各项指标均满足要求时对应的频率范围。增益、平坦度、驻波、群延时均指待测件的传输特性,一般采用矢量网络分析仪,通过 S 参数测试得到,具体如图 3.44 所示,矢量网络分析仪输出具有一定频率与功率的射频信号,经过待测件回到矢量网络分析仪进行分析与处理,通过对比接收信号与发射信号从而得到对应频率信号的幅度与相位变化关系,从而得到传输特性。

噪声系数指经过待测件后,输入信噪比的恶化,数学模型表示为

$$NF = \frac{SNR_{in}}{SNR_{out}} \tag{3.41}$$

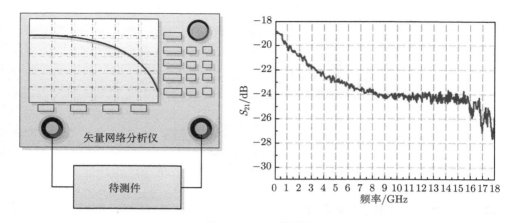

图 3.44　S 参数测试

噪声系数通常采用噪声系数分析仪进行测试，如图 3.45 所示。测试过程中，首先将噪声源送入噪声系数分析仪进行校准，然后将噪声源接入待测件，再送入噪声系数分析仪进行测试分析，得到待测件的噪声系数。

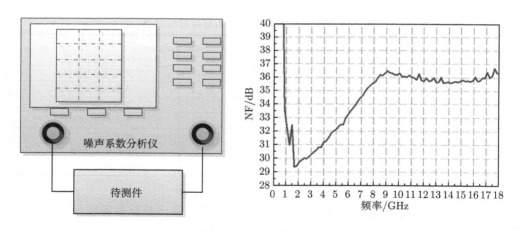

图 3.45　噪声系数测试

由于受到器件工作机理及响应能力的限制，随着输入信号功率的增大，输出信号功率并不是线性增大而是产生压缩，谐波功率逐渐增大。我们把增益比线性增益减小 1dB 时对应的输入输出射频功率 (其中，输出 $P_{-1}=$ 输入 $P_{-1}+G_{-1}$) 称为 1dB 压缩点。它的测试一般采用信号源与频谱仪相结合的方式，通过增加输入信号功率测得输入输出曲线关系，然后与线性增益对比得到 1dB 压缩点，具体如图 3.46 所示。

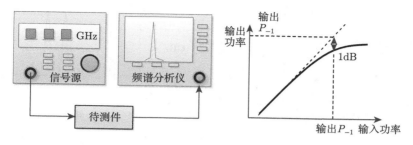

图 3.46　1dB 压缩点测试

同样，由于受到器件非线性的影响，在多个信号输入的条件下会产生交调信号，从而影响光收发组件的动态范围，一般采用双音无杂散动态范围 (SFDR) 来表示，具体对应关系如图 3.47 所示。动态范围的下限取决于组件噪声系数，上限取决于三阶截止点 (third-order intercept point，IP3)，它们与动态范围的关系是

$$\text{SFDR} = \frac{2}{3}\left(\text{IIP3} - N_{\text{th}} - \text{NF}\right)\left(\text{dB} \cdot \text{Hz}^{2/3}\right) \tag{3.42}$$

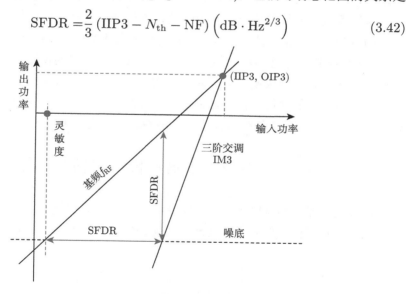

图 3.47　SFDR 曲线关系示意图

IIP3 采用双信号源与频谱分析仪相结合进行测试，如图 3.48 所示。设置信号源的频率间隔为 Δf，然后逐步增大射频功率，并保持两个信号源功率相等，再测得交调信号 ($2f_1 - f_2$ 和 $2f_2 - f_1$) 的功率，最后绘制出基频与交调信号的变化曲线，如图 3.47 所示，从而得到 IP3，进而可计算得到 SFDR。

电光互转换组件是微波光子系统连接微波域与光域器件的唯一接口，也是支撑微波光子处理功能单元及更复杂功能系统的关键，基于该接口可以将微波光子

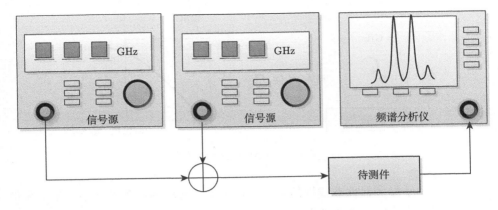

图 3.48　测试原理图

系统看作一个黑盒，这样就可以将其作为普通的微波器件并采用常规微波仪器进行全参数测试，并按照传统微波级联结构进行全系统协同设计与分析。

　　随着测量仪器的进步，仪器集成的功能也在逐渐增多，例如，同时集成了频谱功能、S 参数测试功能、噪声系数、非线性特性测试功能的仪器得到越来越广泛的应用，测试能力得到快速发展，通过一次连接便可以完成大部分参数的测量，测试的效率与仪器的性价比得到显著提升。并且配置了光电转换座的矢量网络分析仪的出现，更是解决了传统微波仪器不能独立表征光发射或者光接收器件的问题。

3.4　微波光子器件模型评估与修正

　　微波光子器件模型修正过程如图 3.49 所示。首先根据系统要求明确器件模型的需求，包括该模型要完成的功能、实现的性能、模型接口、数据格式、精准度

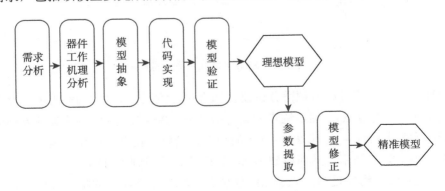

图 3.49　微波光子器件模型修正过程

等；其次是明确建模对象，分析器件工作机理，抽象出具体的数学模型，可以是纯数值模型、经验公式或者物理模型等；然后采用软件编程语言按照一定的格式要求编写出可在仿真平台上运行的模型代码；最后对编写的模型代码进行测试，仿真结果应符合设计要求。为了得到更加逼真的器件模型，则需要将模型的仿真结果与实物器件的实测结果进行对比，用实测结果指导修正模型参数，从而得到与实际情况相符的更加精准的器件模型。

3.4.1 模型评估

模型评估是微波光子器件仿真建模的重要过程，真实器件受到设计方法、制作工艺、工作环境等因素的影响，即使同批次器件也会存在不同的输入输出特性，因此通过建模得到跟器件真实响应相接近的数学模型是整个建模的核心。

仿真就是利用计算机等手段复现真实世界中被模拟事物的过程。由于模型的理想性以及真实器件的复杂性，难以做到仿真结果与实际器件完全一致，而且大多数场景并不需要模型百分之百准确。因此，往往会牺牲一定的模型准确度来降低模型复杂度，提高仿真效率。那么，如何评判模型的好坏或如何确定模型是否有效呢？就需要对模型进行评估，通常用逼真度指标来表征。逼真度也称吻合度、相似度、置信度，一般指仿真模型对仿真对象某个局部或整体的外部状态和行为描述的忠实程度，它可以一种量化的方式来反映仿真模型，再现真实模型的特点、条件、状态和活动等方面的忠实程度。通过对逼真度的分析与计算，可以得到仿真模型与真实器件响应的差异。

逼真度一般有以下几个特点[15]。

(1) 逼真度具有客观性。逼真度描述的不是仿真对某种特定应用需求的满足程度，而是仿真对仿真对象的复现程度。对于一个具体的仿真系统来说，无论应用场合如何，只要参照物选取确定，其逼真度都是确定的。

(2) 逼真度考查的是仿真模型结果，而不是模型本身的实现方式或手段，但是在其实现过程中可以通过有效的管理提高模型逼真度。

(3) 任何仿真都是对仿真对象某些感兴趣的局部特性的复现，无论用何种方法计算整体的逼真度，得到的结果肯定都不一定高。但仿真模型各个局部的逼真度却可以比较准确地反映仿真对象，可用来描述仿真模型各个局部的仿真效果[16]。因此，逼真度检验的参照物选取不能求"大而全"。

(4) 逼真度作为一个标准应具有易理解性、易量化性等特点。

对于要仿真的对象，例如，某个微波光子器件或者微波光收发组件，它一般由多个或多组参数构成，如果把该器件看成一个整体，那么应该有一个逼真度用

于描述整体模型是否准确，同时对于各组参数又有局部的逼真度。它们之间的关系可表示为

$$
\begin{cases}
Q_{\text{total}} = \sum_{i=1}^{N} \gamma_i Q_i, \ Q_i \in [0,1] \\
\sum_{i=1}^{N} \gamma_i = 1
\end{cases}
\tag{3.43}
$$

式中，Q_i 为参数 i 的逼真度；γ_i 为其权重系数。

对于各组参数的逼真度 Q 可以用式 (3.44) 表示：

$$
Q = 1 - \frac{\sum_{k=1}^{p} \text{abs}\,(A_k - B_k)}{\sum_{k=1}^{p} \text{abs}\,(A_k)}
\tag{3.44}
$$

式中，A_k 是第 k 个实测数据点；B_k 是对应的仿真数据点；p 是总数据个数。

需要注意的是，由于逼真度是以实物器件的测试数据进行分析与评估的，测量仪器自身存在的系统误差或者测试过程中人为因素带来的误差都会影响逼真度评估的准确性，因此要严格控制测试过程中带来的误差，提高逼真度评估的准确性[17]。

3.4.2　模型参量修正

针对典型器件，在模型评估后需要进行修正，修正完以后在更高层级进行模型验证，验证模型与实物器件的吻合度。

前面已经阐述了多种不同微波光子器件的建模方法，通过上述方法可以对器件的响应特性进行初步模拟。例如，对于如图 3.50 所示的微波光链路架构，根据微波器件的模型，可以得到微波光收发组件的信号传递模型：

$$
G_{\text{RF}} = \frac{P_{\text{out}}}{P_{\text{in}}} = \left[\frac{\Re_{\text{pd}} P_0 L_{\text{M}} \pi}{4 V_\pi}\right]^2 Z_{\text{in}} Z_{\text{out}}
\tag{3.45}
$$

当 P_0=17dBm、V_π=5V、$\Re_{\text{pd}}$=0.6mA/mW、L_{M}=4dB 时，仿真得到的链路增益与频率的关系如图 3.51 所示。从图中可以看出，在全频率段范围内，电光互转换组件具有绝对平坦的幅频响应特性，显然这与实际情况并不符合。实际上，由于材料特性与芯片制作和封装工艺等能力的限制，链路的频响特性不可能是一条理想的曲线，也不可能对任意频率都能正常响应。

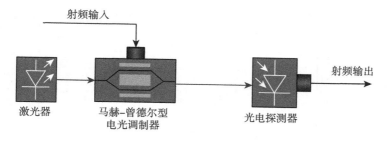

图 3.50 微波光收发组件原理图

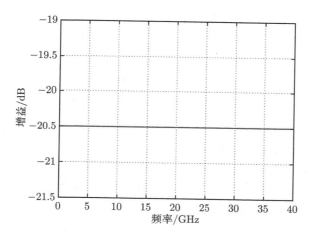

图 3.51 仿真的电光互转换组件频响曲线

为了能够得到真实链路的真实频响特性，选取一个激光器、MZM 和探测器作为参考，进行了 S_{21} 曲线的实际测量，如图 3.52 所示。由于器件受到响应效率、微波传输损耗、高频寄生等因素的影响，随着频率的增高，链路增益逐渐降低。为了真实反映组件传输特性，需要对公式进行修正，而修正的重点主要是增加该公式的频率相关属性。

通过分析可知，图 3.52 所示的组件频率依赖关系是由调制器与探测器都具有频率相关特性产生的。考虑到调制器半波电压和探测器响应是表征器件外部响应能力的综合性参数，因此需从这两个参数与器件的结构、物理参数、材料特性的内在联系出发，分析其对频率响应的依赖性，从而得到修正的传递函数，如式 (3.46) 所示。

$$G_{\mathrm{RF}} = 10 \lg \frac{\left\{ \Re_{\mathrm{pd}}\left(f\right) P_{\mathrm{LD}} L_{\mathrm{M}} J_1\left[V_{\mathrm{RF}}/V_{\pi}\left(f\right)\right]\right\}^2 Z_{\mathrm{in}} Z_{\mathrm{out}}}{4V_{\mathrm{RF}}^2} \tag{3.46}$$

式中，$\Re_{\mathrm{pd}}$ 为探测器响应度；P_{LD} 为激光器功率；L_{M} 为调制器光插损；V_{RF} 为射

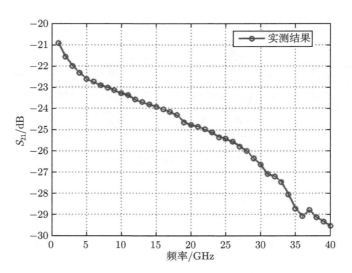

图 3.52　实测电光互转换组件频响曲线

频电压；V_π 为调制器射频半波电压。

对于调制器而言，影响调制器响应的因素主要来自行波电极与光波导，行波电极的阻抗匹配与电极损耗对射频响应有直接影响，而微波与光场的相速度匹配。行波电极的射频响应特性可表示为

$$H_1 (f) = \exp\left[-\alpha (f) L/2\right] \tag{3.47}$$

微波与光波在光波导中相互作用，对频响的影响可表示为

$$H_2 (f) = \frac{\left[\sinh(\alpha L/2) + \sin^2(\mu L/2)\right]^{1/2}}{\left[(\alpha L/2)^2 + (\mu L/2)^2\right]^{1/2}} \tag{3.48}$$

式中，$\mu = \pi f L(N_m - N_0)/c$，$c$ 为光速；$N_m = \sqrt{C/C_0}$，为微波等效折射率，C 为传输线的分布电容，C_0 为电极周围为空气时的分布电容，N_0 为光波等效折射率；L 为电极长度；$\alpha = \alpha_0 \sqrt{f}$，为微波衰减系数，$\alpha_0$ 由电极电阻率与电极结构确定，电极材料 (金) 与电极尺寸由设计确定，f 为调制频率。

那么，调制器整体频率响应为

$$H (f) = H_1 (f) \cdot H_2 (f) = \exp\left(-\alpha L/2\right) \frac{\left[\sinh(\alpha L/2) + \sin^2(\mu L/2)\right]^{1/2}}{\left[(\alpha L/2)^2 + (\mu L/2)^2\right]^{1/2}} \tag{3.49}$$

图 3.53 为仿真的调制器芯片参数与频率响应特性的关系。根据该频率响应曲线可将该关系映射到调制器的射频半波电压 $V_\pi(f)$，从而完成对调制器模型的修正。

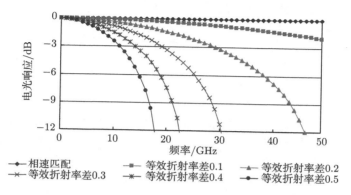

图 3.53 调制器芯片参数与频率响应特性的关系

对于探测器而言，它的等效电路可以表示为如图 3.54 所示的结构，输出阻抗及寄生特性是影响探测器频率响应的主要因素。根据图 3.54 可以得到探测器的输出阻抗为

$$Z(f) = R_s + \cfrac{1}{\left(\cfrac{1}{R_\mathrm{L}} + \mathrm{j}2\pi f C_p\right)} \tag{3.50}$$

式中，R_s 为探测器内阻；R_L 为负载阻抗；C_p 为探测器内部电容。则根据式 (3.50) 可将探测器响应度修正为

$$\Re_\mathrm{pd}(f) = \Re_\mathrm{pd0}\frac{Z(f)}{Z_0} \tag{3.51}$$

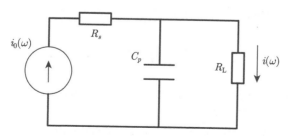

图 3.54 探测器等效电路模型

基于上述过程对器件参数与模型的修正，并结合实物测试得到如图 3.55 所示的对比结果。从图中可知，修正后的结果可以准确反映整个组件频率响应的变化

趋势，虽然存在一定的偏差，但是可以通过局部修正来进一步提高精准度。

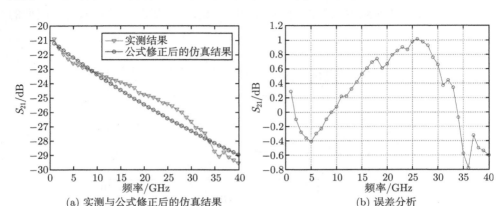

(a) 实测与公式修正后的仿真结果   (b) 误差分析

图 3.55   实测与公式修正后的仿真结果对比及误差分析

因此，通过理论模型和参数修正相结合的方法有效提升了电光互转换组件的模型精准度。值得注意的是，上述虽然仅仅以微波光子链路中的各种器件建模为例进行阐述，但是该建模方法可以拓展应用到微波光子所涵盖的其他器件模型的建立中，是一种通用的微波光子器件的精准建模方法。

3.5   本 章 小 结

虽然微波光子器件具有数量大、种类多、工作机理与器件特性复杂等特点，通过采用数值模型、物理模型等相结合的手段实现微波光子器件的行为级建模，可以很好地实现器件响应到数学模型的映射。同时通过实物参数提取对器件关键参数进行修正，可有效提高器件、功能单元及微波光子系统的仿真精度。

参 考 文 献

[1] Seeds A. Microwave photonics. IEEE Transactions on Microwave Theory and Techniques, 2002, 50(3): 877-887.

[2] Capmany J, Novak D. Microwave photonics combines two worlds. Nature Photonics, 2007, 1(6): 319-330.

[3] 李泂. 光电子器件设计、建模与仿真. 陈四海，黄黎蓉，李蔚，等译. 北京：科学出版社，2014.

[4] 祝宁华. 光电子器件微波封装和测试. 北京：科学出版社，2011.

[5] 斯瓦沃米尔·苏耶茨基. 光通信系统中的光子学建模与设计. 武冀, 译. 北京：机械工业出版社, 2016.

[6] Iezekiel S. Microwave Photonics Devices and Application. Wiltshire: John Wiley & Sons, 2009.

[7] Urick Jr. V J, McKinney J D, Williams K J. Fundamentals of Microwave Photonics. New Jersey: Wiley, 2015.

[8] 高建军. 高速光电子器件建模及光电集成电路设计技术. 北京：高等教育出版社, 2009.

[9] Ziemer R E, Tranter W H. 通信原理——调制、编码与噪声. 7 版. 谭明新, 译. 北京：电子工业出版社, 2018.

[10] Tucker R S, Pope D J. Microwave circuit models of semiconductor injection lasers. IEEE Transactions on Microwave Theory and Techniques, 1983, 83: 289-294.

[11] Ishibashi T. Uni-traveling-carrier photodiodes. Journal of Applied Physics, 2020, 127: 1-10.

[12] Spickermann R, Sakamoto S R, Peters M G, et al. GaAs/AlGaAs travelling wave electro-optic modulator with an electrical bandwidth greater than 40GHz. Electronics Letters, 1996, 32(12): 1095-1096.

[13] Cox C H. Direct detection analog optical links. IEEE Transactions on Microwave Theory and Techniques, 1997, 45(8): 1375-1383.

[14] Dunsmore J P. 微波器件测量手册：矢量网络分析仪高级测量技术指南. 陈新, 程宁, 胡雨辰, 等译. 北京：电子工业出版社, 2014.

[15] Mikitchuk K, Chizh A, Malyshev S. Analog optical link operating at the gain peak wavelength of an Erbium-doped fiber amplifier. Proceedings of the 44th European Microwave Conference, Rome, 2014: 679-682.

[16] 朱汉东, 刘小荷, 向才中. 仿真组件模型的逼真度探讨. 仿真计算机与软件、仿真方法与建模学术交流会, 北京, 2004: TP391.9.

[17] 段继琨, 韩鹏. 基于相似理论的复杂电磁环境逼真度评估研究. 舰船电子工程, 2020, 40: 184-188.

第 4 章　微波光子时空频处理单元的信息映射关系及建模

本章主要介绍微波光子处理单元中的时空频多维映射关系及其特点,目的是构建微波光子多域处理单元的基本理论和仿真模型。首先,介绍典型微波光子处理单元的特点,举例说明处理域的划分方式,如时域、频域、时频域和时空频域混合等;其次,介绍微波光子多域映射关系,在此基础上讨论了多维映射问题的解决途径;接着,着重阐述微波光子多域处理单元的建模方法,并以光学波束形成处理单元为例,介绍微波光子多域处理单元模型评估表征方法;最后,讨论微波光子处理单元中的多学科耦合机理和解耦方式。

4.1　微波光子系统中的时空频处理模型

4.1.1　微波光子时空频处理模型分类

微波光子处理内涵丰富,从信号的处理域划分,微波光子信号处理模型可以分为时域处理模型、频域处理模型、空域处理模型等针对单一处理域的信号处理模型,以及针对交叉/耦合域的混合域信号处理模型。从具体处理模型来划分,时域处理模型包括微波光子传输与时延模型、微波光子积分模型、微波光子微分模型和微波光子傅里叶变换模型等;频域处理模型包括微波光子频率变换模型、微波光子移相模型、微波光子滤波模型和光电振荡器模型等;空域处理模型包括发射波束形成模型和接收波束形成模型等;混合域的信号处理模型包括时频映射模型、基于真延时的波束形成模型、基于移相的波束形成模型、微波光子模数及数模转换模型等。

基于微波光子的时空频处理技术得到了广泛的研究,下面将就典型的单域处理模型和混合域处理模型进行介绍。

4.1.2　微波光子时域模型

1. 基于时域拉伸的光模数转换模型

基于时域拉伸的光模数转换是指在光域内实现信号采样、量化、编码等功能,利用光学方法对信号进行预处理来提升电 ADC 性能的一种技术,具有高速处理和大宽带等优势[1]。基于时域拉伸的光模数转换模型属于时域模型，其典型结构原理图如图 4.1 所示，该模型的构建主要以第 3 章所述方法构建的器件模型为基础，包含锁模激光器模型、时域拉伸模型、待测模拟电信号模型和电光/光电转换模型等。

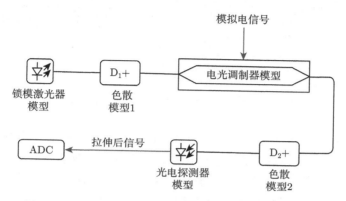

图 4.1　基于时域拉伸的光模数转换模型典型结构原理图

模型主要工作原理如下：锁模激光器用于产生超短光脉冲，超短光脉冲中含有丰富的频谱分量，通过色散模型 1 后，短脉冲展宽形成啁啾光脉冲，然后模拟电信号通过电光调制器加载到啁啾光脉冲上，相当于将不同时间的模拟电信号加载到光信号的不同波长分量上，之后将调制信号通过色散模型 2 再次展宽，使不同波长的光信号在时域上再次走离，从而使加载到光脉冲上的微波信号在时域上拉伸，最终通过光电探测器得到拉伸后的电信号，并用 ADC 进行采样量化[2]。

在对基于时域拉伸的光模数转换模型建模过程中，需实现超短时域光脉冲的产生、微波信号的产生、光信号的传输、光信号的色散和电光/光电转换等功能，上述功能模块的建模均属于时域建模。因此，基于时域拉伸的光模数转换模型属于时域仿真模型。

2. 微波光子数模转换器模型

微波光子数模转换器能够将时钟速率调高一个数量级以上，可达到更高的速率和分辨率，从而大大提高产生的微波信号的质量[3]。微波光子数模转换器模型属于时域耦合模型，其典型结构原理图如图 4.2 所示，微波光子数模转换器模型主要包含对多路数字信号加权求和的建模以及对合并信号的光电转换和低通滤波的建模。

其模型主要工作原理如下：激光器用于产生光载波信号，然后将光载波信号

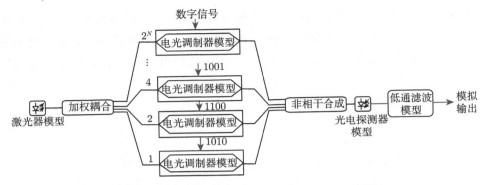

图 4.2　微波光子数模转换器模型典型结构原理图

分成 N 个通道,第 n 个通道的功率设置为第一个通道的光信号功率的 2^n 倍。然后,这 N 个光信号分别被数字信号调制后合并为一路送入光电探测器中完成光电转换,最后经过低通滤波后完成数字信号到模拟信号的转换过程[4,5]。

在对多路数字信号加权求和的建模中,需实现光信号产生、加权耦合、信号调制、非相干合成、数字信号产生、调制等功能,其中信号的电光转换和光/电信号的产生属于时域建模;在对合并信号的光电转换和低通滤波的建模中,需实现信号的光电转换以及滤波功能,属于时域建模。因此,微波光子数模转换器模型属于时域耦合仿真模型。

4.1.3　微波光子频域模型

1. 微波光子移相器模型

通过对信号的相位操控可以实现任意波形产生、微波光子滤波、光学波束形成、镜频抑制等功能,微波光子移相器是上述微波光子信号处理的关键。此外,通过相位操控还可以实现相位噪声测量、射频对消等,进一步奠定了微波光子移相器在信号处理技术中的基础作用[6]。微波光子移相器模型属于频域模型,其典型结构原理图如图 4.3 所示,其主要包含两个关键模型,即正交圆偏振光波长对产生模型和基于检偏器的移相模型。

其模型工作原理为:激光器用于产生光载波信号,经过偏振控制器 (polarization controller, PC) 使其主轴成 45° 角,进入偏振调制器,此时光信号被分成偏振态垂直的光信号,分别经历相位相反的相位调制,并经过特定相移之后合成两束偏振态垂直的具有相反相位调制的信号,从而得到偏振调制的信号。通过调节偏振控制器的偏置电压产生右旋偏振光和左旋偏振光,然后光滤波器滤除无关边带得到正交偏振光波长对。此时使用一个检偏器合并两偏振态的信号,并使用光

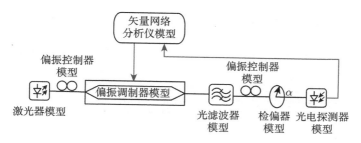

图 4.3　微波光子移相器典型结构原理图

电探测器将合并后的信号转换成电信号，即可产生一个相位随检偏器角度连续可调谐的信号。检偏器由偏振控制器和偏振分束器组成，矢量网络分析仪用于产生射频 (radio frequency, RF) 信号和分析产生的射频信号频率响应[7]。

在正交圆偏振光波长对产生建模中，主要有两种方法：一种是先产生一对正交线偏振光波长对，再利用一个 1/4 波片旋转得到；另一种是利用正交圆偏振光波长对的相位关系直接通过频谱操控产生，这属于频域建模。由于偏振调制可以直接操控光信号的偏振态，因此可以用来实现圆偏振光波长对的产生。在基于检偏器的移相模型中，包含检偏器和光电探测器，当圆偏振光信号经过检偏器时，输出信号相位和检偏角度有关，需要建立检偏角度和信号相位的关系，这里属于频域建模。光电探测器需要实现光电转换和信号下变频，最终需要得到信号的频率响应信息，建立信号相位与信号频率的关系模型，属于频域建模。因此，微波光子移相器模型属于频域仿真模型。

2. 微波光子滤波器模型

微波光子滤波技术是光学微波信号处理技术中最为关键的技术之一。相比于传统电学信号处理技术，光学微波信号处理技术具有得益于光电技术提供的大带宽、低损耗、抗电磁干扰和可重构性灵活等诸多优势。微波光子滤波技术采用设计好的光学系统对微波信号进行滤波操作，可实现多功能微波光子滤波器结构，并且具有结构灵活、通带可调谐等丰富的滤波响应。微波光子滤波器在科技领域中具有重要作用，例如，雷达系统的信号选频、谐波消除，在光载无线射频系统中实现信号选择滤波，以及无线通信系统中的波段选择等[8,9]。

图 4.4 为微波光子滤波器典型结构原理图，其功能是对输入射频信号 $S_i(t)$ 进行滤波处理后得到输出射频信号 $S_o(t)$。输入射频信号 $S_i(t)$ 经过直接调制或者外部调制后加到单个或者阵列激光光源上，调制后的光载波输入光学子系统 (如光学延时链路、光纤光栅、光放大器等) 中对调制信号进行采样、加权、时延等操作，

最后经过光电探测器进行光电转换，将信号进行叠加，输出射频信号 $S_{\mathrm{o}}(t)$ [10]。

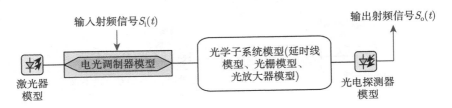

图 4.4　微波光子滤波器典型结构原理图

一般情况下，微波光子滤波器的核心是对信号进行傅里叶变换，再与滤波器传输函数在频域上求乘积，因此属于典型的频域耦合仿真模型。

3. 微波光子镜频抑制混频模型

微波光子镜频抑制混频借助光子技术的大带宽、高幅相一致性的优点，可实现跨倍频程的高杂散抑制比，对复杂电磁环境下工作的射频系统至关重要，决定了其在强杂散背景下能否正常工作 [11]。微波光子镜频抑制混频模型属于频域模型，其典型结构原理图如图 4.5 所示，主要包括对电光调制器的建模、90° 光耦合器的建模、平衡光电探测器的建模以及 90° 微波电桥的建模。

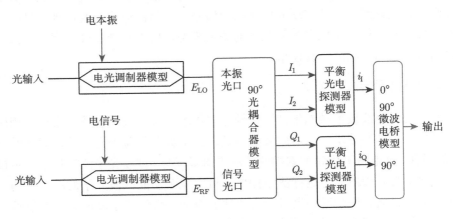

图 4.5　微波光子镜频抑制混频典型结构原理图

其模型主要原理如下：待混频的本振与射频信号通过电光调制器调制到光域，得到光本振 (E_{LO}) 和光载射频信号 (E_{RF})，随后它们被送入 90° 光耦合器的本振光口和信号光口，输出一对同相信号 $I_1 \propto E_{\mathrm{RF}} + E_{\mathrm{LO}}$ 和 $I_2 \propto E_{\mathrm{RF}} - E_{\mathrm{LO}}$，以及一对正交信号 $Q_1 \propto E_{\mathrm{RF}} + \mathrm{j}E_{\mathrm{LO}}$，$Q_2 \propto E_{\mathrm{RF}} - \mathrm{j}E_{\mathrm{LO}}$。接着两个同相信号被送入

一个平衡光电探测器中,而两个正交信号被送入另一个平衡光电探测器中。在平衡光电探测器中,I_1 和 $I_2(Q_1$ 和 $Q_2)$ 光电转换的同相分量将会相互抵消,例如,射频与镜频分量拍频所得的二倍中频杂散、射频泄漏杂散等。然后两个平衡光电探测器所得的一对正交分量 i_I 和 i_Q 被送入一个 90° 微波电桥,耦合输出即可实现镜频分量的抑制。由此,实现了多杂散同时抑制的跨倍频程微波光子镜频抑制混频[12]。

由于该混频器的基本功能是实现信号的频率变换,即为频域信号处理,所以所有模型的建立均在频域实现。其中,电光调制器实现的是将射频信号和本振信号搬移到光载波上,在频域上可将其表示为射频信号和本振信号的载频变为光载波;而镜频抑制模块包含一个 90° 光耦合器,两个平衡光电探测器以及一个 90° 微波电桥主要由移相模块与光电探测模块构成,移相模块的频域建模只需导入幅相响应相对频域的扫频即可,而光电探测模块的频域建模只需对输入光信号进行平方转换即可获得。这样就可以获得微波光子镜频抑制混频的频域模型。

4.1.4 微波光子时频混合域模型

1. 微波光子链路模型

微波光子链路采用光纤链路作为电信号的传输媒质,在质量、体积、信号损耗、抗电磁干扰等方面具有明显的优势,使得电信号长距离光纤传输成为可能,极大地提高了系统的灵活性与安全性,已成功应用于光载无线系统、有线电视、相控阵雷达等分布式系统中[13]。微波光子链路模型属于时频混合域模型,其典型结构原理图如图 4.6 所示,主要包括对电光转换的建模、光信号处理的建模、光纤传输的建模和光电转换的建模。

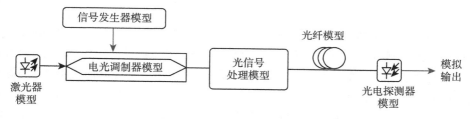

图 4.6 微波光子链路模型典型结构原理图

其模型主要工作原理如下:激光器用于产生光载波信号,信号发生器产生的电信号通过电光调制器调制到光载波上,通过光信号处理模型对光载电信号进行放大、滤波、上/下变频、混频等处理,经过光纤的远距离传输,最终在光电探测器中重新转换成为电信号[14]。

在电光转换建模中，需实现光信号的产生、电信号的产生和电光调制等功能，其中电光调制包含强度调制、相位调制、偏振调制等多种调制方式。光/电信号的产生以及电光调制属于时域建模；在光信号处理建模中，需实现光信号的放大、滤波、上/下变频、混频等功能，其中光信号的放大属于时域建模，光信号的滤波、上/下变频、混频属于频域建模；在光纤传输建模中，实现光信号的传输功能，属于时域建模；在光电转换建模中，实现光信号到电信号的转换功能，不同的电光调制方式采取不同的光电转换方法，属于时域建模。因此，微波光子链路模型属于时频混合域仿真模型。

2. 光子傅里叶变换模型

光子傅里叶变换借助光子技术大带宽、可并行处理、抗电磁干扰等优势，通过将待测微波信号转换到光域，并在光域完成傅里叶变换，解决了传统电学傅里叶变换速度缓慢及对计算资源需求严苛的问题，可以在宽带范围内实现对待测微波信号的实时频率测量，在电子战领域已引起广泛关注[15,16]。光子傅里叶变换属于时频混合域模型，其典型结构原理图如图 4.7 所示，主要包含对激光器、色散介质、待测微波信号、电光调制和光电探测的建模。

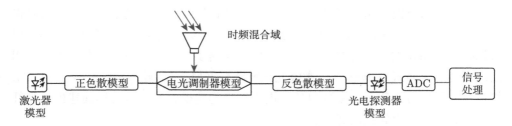

图 4.7　光子傅里叶变换典型结构原理图

其模型主要工作原理如下：激光器用于产生超窄光脉冲，经过正色散介质后实现脉冲的时域拉伸，拉伸后的光脉冲进入电光调制器中，与天线接收到的待测微波信号进行电光调制。调制光信号进入反色散介质中，实现脉冲压缩，待测微波信号的频率信息被映射到时域。通过光电探测器实现光信号到电信号的转换，并通过 ADC 转换为数字信号，最后在信号处理模块对信号进行时域分析，并反推出待测微波信号的频率信息[17]。

在光子傅里叶变换系统建模中，光信号的产生、微波信号的产生、电光调制器、光电探测器的实现过程中的光电转换属于时域建模，正色散介质实现的时域拉伸、反色散介质实现的时域压缩属于频域建模。因此，光子傅里叶变换模型属于时频混合域仿真模型。

4.1.5 微波光子空频混合域模型

光学波束形成系统是一种典型的微波光子空频混合域模型，该系统以光学真延时技术为核心，具有大带宽、重量轻、低损耗、抗电磁干扰等优势[18]，能够有效克服传统相控阵系统中的"波束倾斜"现象，逐渐成为宽带相控阵系统的一种重要实现方式。光学波束形成模型属于空频混合域模型，其典型结构原理图如图 4.8 所示，主要包括对多路并行微波光子链路的建模以及宽带天线阵列的建模。

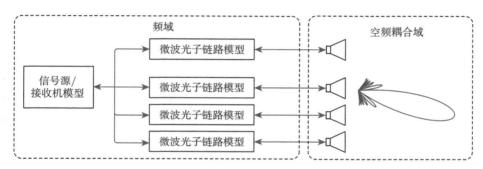

图 4.8　光学波束形成模型典型结构原理图

其模型主要工作原理如下：信号源产生任意频率的信号，并通过电光调制器加载到微波光子链路中。调制后的光信号被分为多路，每一路经过相应的延时后由光电探测器转换为电信号并输入天线阵列一个对应的天线单元中，各天线单元发射的微波信号在空域叠加形成具有一定指向的波束。当改变链路的幅度、相位或者延时响应时，阵列输出的波束指向也会相应地改变，实现对不同方向的探测。

在微波光子链路的建模中，需要实现光器件的光频率响应计算以及微波光子延时支路的微波频率响应计算等功能，器件以及支路的频率响应计算属于频域建模；在宽带天线阵列的建模中，需要实现天线宽带空域响应计算、宽带波束形成网络的时空二维频率响应计算以及宽带信号激励下的方向图计算等功能，其中空域响应计算属于空域建模，时空二维频率响应计算属于空频域耦合建模，宽带方向图计算属于空频域耦合建模[19]。因此，光学波束形成模型属于空频混合域仿真模型。

4.2　微波光子时空频处理单元的信息映射关系

微波光子时空频处理单元信息映射可分为单一域和混合域，而其中的时空频多维度特性导致光域与电域、时空频处理域之间存在信息的相互映射，难以通过单一域的建模实现整个功能系统的设计，而且也会造成不同域信号处理功能单元的连接和组合困难，因此需要分析微波光子处理模型的时空频多维信息映射关系。本节内容主要研究典型微波光子时空频处理单元的多维信息映射关系，并通过研究微波光子处理模型的多维信息映射关系进行理论推导，建立跨维度映射模型和接口规范，为不同维度的处理功能模型提供明确的接口类型及输入输出信号类型；通过研究微波光子处理模块由于多维信息映射而引入的信息传递模型，形成通用的信号处理模块匹配方法。

4.2.1　单一处理域的信号处理

对于单一处理域的信号处理模型，其建模过程不涉及信号在处理域之间的变换与传递，以时域信号处理中的基于色散的时域脉冲压缩模型 (模型如图 4.9 所示) 为例，该模型的原理为：一定脉宽的脉冲光信号输入一段梳状色散光纤 (该光纤可由简单光纤单元组合而来)。光脉冲在梳状色散光纤中的传输可以用色散系数 β_2 传输距离 z 变化的非线性薛定谔方程来描述。

图 4.9　单一处理域信号处理举例——基于梳状色散光纤的时域脉冲压缩模型原理图

$$\frac{\partial A}{\partial z} + \frac{\alpha}{2}A + \frac{i}{2}\beta_2(z)\frac{\partial^2 A}{\partial T^2} = i\gamma(z)\left|A\right|^2 A \tag{4.1}$$

式中，A 为光脉冲时域电场幅度；α 为光纤衰减系数；$\beta_2(z)$ 与 $\gamma(z)$ 为光纤中的群速度色散系数和非线性系数，随着传输距离的变化，光脉冲将经历梳状色散光纤中标准单模光纤与色散位移光纤，$\beta_2(z)$ 与 $\gamma(z)$ 也将取不同的值；T 是以群速度 v_{g} 为移动参考系下的时间参量，即 $T = t - z/v_{\mathrm{g}}$。采用分步傅里叶算法对式 (4.1) 进行数值求解，可研究梳状色散光纤压缩脉冲的特性。在设计梳状色散光纤压缩器时，可以引入辅助参量 $\Delta\phi_{\mathrm{NL}}$ 和 $\Delta\phi_{\mathrm{D}}$，分别对应光脉冲在每段色散位移光纤中的非线性相移和每段标准单模光纤中的色散相移。$\Delta\phi_{\mathrm{NL}}$ 与 $\Delta\phi_{\mathrm{D}}$ 可以分别表示为

$$\Delta\phi_{\mathrm{NL}} = (2\pi n_2 I_0/\lambda)\mathrm{d}z \tag{4.2}$$

$$\Delta\phi_{\mathrm{D}} = (\beta_2\Delta\omega^2/2)\mathrm{d}z \tag{4.3}$$

式中，n_2 为非线性折射率系数；I_0 为光脉冲峰值功率密度；λ 为中心波长；$\Delta\omega$ 为脉冲频率带宽；$\mathrm{d}z$ 为脉冲传输距离。

由以上的介绍与分析可以看出，式 (4.1)～ 式 (4.3) 所描述的数学模型仅关注输入信号的时域特性在整个系统中的演变，例如，输入脉冲在色散位移光纤中由于自相位调制效应在光脉冲中心区域引入线性正啁啾而展宽，当光脉冲进入标准单模光纤后，受反常色散的作用，光脉冲被压缩。其建模过程不涉及信号在处理域之间的变换与传递，因此相对简单，仅需了解模型关心的关键参数及参数对应。但是基于交叉域的信号处理模型需要考虑时域、频域、空域等多维信息之间的映射。

4.2.2 时-频信号处理

基于时频映射的信号产生模型是一种典型的时-频信号处理模型，其原理如图 4.10 所示。从数学角度分析，假设光信号在进入色散介质前的复包络为 $m(0,t)$，忽略高阶色散时，介质冲激响应的复包络所对应的频谱为

$$H_m(z,\omega) \propto \exp\left[-\mathrm{j}z\left(\beta_0 + \beta_1\omega + \frac{1}{2}\beta_2\omega^2\right)\right] \tag{4.4}$$

式中，z 为色散介质的长度；β_0、β_1 和 β_2 这三个色散介质的参数体现的分别为相移常数、时延和群速度色散的作用，其中，β_0 和 β_1 对色散过程并无影响。因此，为简化数学运算，令 $\beta_0=0$，$\beta_1=0$。则式 (4.4) 可简写为

$$H_m(z,\omega) \propto \exp\left(-\frac{\mathrm{j}}{2}\beta_2 z\omega^2\right) \tag{4.5}$$

则介质冲激响应的复包络可表示为

$$h_m(z,t) \propto \exp\left(\mathrm{j}\frac{1}{2\beta_2 z}t^2\right) \tag{4.6}$$

经过介质后的光信号复包络 $m(z,t)$ 为输入信号复包络和介质冲激响应复包络卷积的 1/2，即

$$m(z,t) = \frac{1}{2}m(0,t) * h_m(z,t) \tag{4.7}$$

将式 (4.6) 代入，并以 $\beta_2 z$ 足够大为假设，使 $\exp\left(\mathrm{j}\frac{\tau^2}{2\beta_2 z}\right) \approx 1$，可得

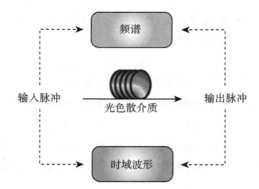

图 4.10　时-频信号处理举例——基于时频映射的信号产生模型原理图

$$
\begin{aligned}
m(z,t) &= \frac{1}{2}\int_{-\infty}^{\infty} m(0,\tau)\cdot h_m(z,t-\tau)\mathrm{d}\tau \\
&\propto \int_{-\infty}^{\infty} m(0,\tau)\cdot \exp\left[\mathrm{j}\frac{1}{2\beta_2 z}(t^2-2t\tau+\tau^2)\right]\mathrm{d}\tau \\
&= \exp\left(\mathrm{j}\frac{t^2}{2\beta_2 z}\right)\times \int_{-\infty}^{\infty} m(0,\tau)\cdot \exp\left(-\mathrm{j}\frac{t}{\beta_2 z}\tau\right)\cdot \exp\left(\mathrm{j}\frac{\tau^2}{2\beta_2 z}\right)\mathrm{d}\tau \\
&\approx \exp\left(\mathrm{j}\frac{t^2}{2\beta_2 z}\right)\times \int_{-\infty}^{\infty} m(0,\tau)\cdot \exp\left(-\mathrm{j}\frac{t}{\beta_2 z}\tau\right)\mathrm{d}\tau
\end{aligned} \tag{4.8}
$$

对比傅里叶变换的定义:

$$
F(\mathrm{j}\omega) = \int_{-\infty}^{\infty} f(t)\mathrm{e}^{-\mathrm{j}\omega t}\mathrm{d}t \tag{4.9}
$$

式 (4.8) 可以写成:

$$
m(z,t) \propto \exp\left(\mathrm{j}\frac{t^2}{2\beta_2 z}\right)\times \left[\left.M(0,\omega)\right|_{\omega=t/(\beta_2 z)}\right] \tag{4.10}
$$

式中, $M(0,\omega)$ 为输入信号复包络的频谱。

式 (4.10) 所对应的光强度为

$$
I(z,t) \propto |m(z,t)|^2 \propto \left|M\left(0,\frac{t}{\beta_2 z}\right)\right|^2 \tag{4.11}
$$

式 (4.4)～ 式 (4.11) 描述了基于时频映射的信号产生数学模型的建模过程。可见, 光脉冲强度包络的时域波形已体现出其光谱的形状, 即完成频时映射过程。显然, 从式 (4.11) 可以看出, 利用光纤的色散, 在光电探测时原本处于频域的频谱信息将通过光域傅里叶变换映射为时域的波形信息。因此该处理模型涉及时域与频域的交叉映射特性。

4.2.3 频-空信号处理

基于移相的光学波束形成模型是典型的频-空信号处理，该模型的原理如图 4.11 所示。若发射机所提供的信号为 $\exp(\mathrm{j}\omega t)$，则在目标指向为 θ_0 时所需的光移相器件之间的步进相移为

$$\phi = \omega_0 \Delta\tau = \omega_0 \frac{d\sin\theta_0}{c} \tag{4.12}$$

式中，ω_0 为参考角频率；d 为阵元间距；c 为真空中的光速。则第 k 个天线阵元的输出信号为

$$s_k(t) = \exp\left[\mathrm{j}\left(\omega t - k\phi\right)\right] = \exp\left[\mathrm{j}\left(\omega t - \omega_0 \frac{kd\sin\theta_0}{c}\right)\right] \tag{4.13}$$

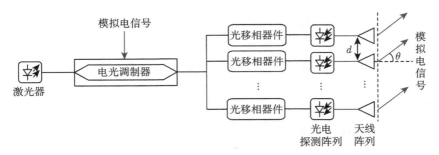

图 4.11 频-空信号处理举例——基于移相的光学波束形成模型原理图

在远场中，当观察角度与阵列法线成 θ 角时，来自第 k 个天线阵元的信号与来自第 0 个天线阵元的信号间的延时差为 $(kd\sin\theta/c)$，则不计空间损耗时，针对 N 阵元，该观察角度下接收信号为

$$
\begin{aligned}
E(t,\theta) &= \sum_{k=0}^{N-1} s_k\left(t + \frac{kd\sin\theta}{c}\right) \\
&= \sum_{k=0}^{N-1} \exp\left\{\mathrm{j}\left[\omega t + \frac{kd}{c}\left(\omega\sin\theta - \omega_0\sin\theta_0\right)\right]\right\} \\
&= \frac{\sin\left[\dfrac{Nd}{2c}\left(\omega\sin\theta - \omega_0\sin\theta_0\right)\right]}{\sin\left[\dfrac{d}{2c}\left(\omega\sin\theta - \omega_0\sin\theta_0\right)\right]} \\
&\quad \times \exp\left\{\mathrm{j}\left[\omega t + \frac{(N-1)d}{2c}\left(\omega\sin\theta - \omega_0\sin\theta_0\right)\right]\right\}
\end{aligned} \tag{4.14}
$$

式 (4.12)~ 式 (4.14) 即基于移相的光学波束形成的数学模型。可见，当信号角频率 ω 等于参考角频率 ω_0 时，在目标指向 θ_0 处可观察到叠加后强度最大的信号。因为频域的移相特性将会影响空间功率分布的空域特性，因此该模型主要关注频域与空域之间的耦合特性。

4.2.4 多维映射问题解决方法

通过上述对微波光子处理模型中的多维映射关系的分析论证，需要建立跨维度映射模型和接口规范，为不同维度的处理功能模块提供明确的接口类型及输入输出信号类型；通过研究微波光子处理模块由多维信息映射而引入的信息传递模型，形成通用的信号处理模块匹配方法。该关键技术的解决途径如图 4.12 所示。

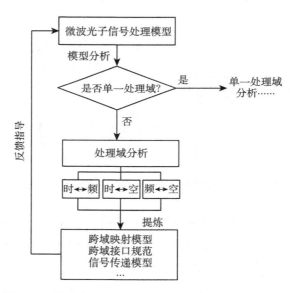

图 4.12 微波光子处理模型中多维映射问题的解决方法

对于待建模型的微波光子处理单元，首先进行功能分析，判断其是否为单一处理域：如果是单一处理域的功能单元，进行单一处理域模型的建立；如果为多维处理域的工作单元，进行多维处理域模型建立。对于单一处理域的模型建立，首先进行参数和接口的提取，在此基础上进行理论和模型的建立，并对其仿真和实验进行分析，对理论模型进行反馈优化，得到最终模型。而对于多维度处理域的模型建立，由于存在多维耦合和映射的问题，首先进行多维度处理域的分析，提炼出相应的跨域映射关系、跨域接口以及信号传递模型等多维耦合参数，并进行多维度处理域的分解和降维，在此基础上进行参数的提取；基于所提炼的多维耦合参量和分维度参数，建立理论模型，并对模型进行仿真和实验分析，对理论模型进行反馈优化，直至理论模型和验证结果相符，完成模型建立并输出模型。

4.2.5 微波光子时空频处理单元的多学科耦合和解耦合机理与方法

微波光子时空频多维处理中涉及光子学、电子学、微波学等多个学科，在设计初期需要对包含的各个学科进行解耦合，以便更好地进行模块的功能划分、设计、仿真、实验和优化建模，在完成各单元和子系统建模之后，还需要进行各学科之间的模块化耦合，按照统一的规则建立模块之间的接口和说明文件。通用的多学科耦合和解耦合过程如下。

首先针对待设计的系统或子系统，分析出待优化的目标，以及相关的模型和参量。在上述分析基础上，分析出待设计系统/子系统涉及的学科，并对多学科间的耦合关系进行分析；多学科间的耦合关系分为以下三种，如图 4.13 所示。

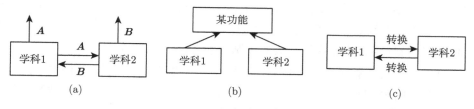

图 4.13 多学科间耦合的表征关系

(1) 学科 1 的状态变量对学科 2 的状态变量有影响，而学科 2 的状态变量又反过来对学科 1 的状态变量有影响。

(2) 学科 1 和学科 2 的系统中对某项功能或者特性的实现均有贡献。

(3) 学科 1 和学科 2 的状态参量存在相互转换的关系。

在对多学科间的耦合关系进行分析的基础上，进行解耦：首先进行敏度分析，分析相关参数对各项性能的影响规律；其次，对不灵敏的相关参数进行简化，实现解耦合。

下面，回顾 2.1 节介绍的 COEO 的示例，详细阐述上述多学科耦合和解耦合过程。图 2.4 所示为该振荡器的基本结构图，这里不再赘述其原理。

首先针对耦合光电振荡器子系统，分析出待优化目标，以及相关的模型和参量。详细列出如下。

耦合光电振荡器子系统中的待优化目标如下。

(1) 光学科系统输出：光脉冲的脉宽、谱宽、重复频率、功率、超模噪声、信号噪声 (ASE 等)、啁啾特性。

(2) 微波学科系统输出：输出微波信号的中心频率、相位噪声、边模抑制比、功率、噪声、谐波抑制比。

涉及的模型和参量包括以下两方面。

(1) 光学模型和参量 (锁模的稳态模型)：电光调制、光电转换、非线性模型、色散模型、光放大模型、光滤波。

(2) 电学模型和参量 (谐振稳态模型)：电放大模型、电滤波模型、电光调制、光电转换。

对耦合光电振荡器的子系统，其主要包括光学、微波和数字三个学科，其多学科耦合关系分析如下。

(1) 光学系统 (主动锁模激光器) 的输出 (光脉冲) 作为微波产生系统 (光电振荡器环) 的输入，光脉冲的功率、抖动、噪声等特性将影响微波产生系统中生成的微波信号的功率、相位噪声等特性；同时微波系统的输出 (光电振荡器环输出的射频信号) 作为光波系统的输入，通过主动锁模激光器的调制器调制到光域上，通过引入周期性幅度或相位调制实现光域的主动锁模；射频信号的频率、功率、边模抑制比等特性将影响光系统生成的光脉冲的频率、噪声等特性。

(2) 在耦合光电振荡器系统中，光信号经过光色散将产生损耗，该损耗的补偿方式可以在不同学科的系统中实现：光学科系统通过光增益补偿，在微波学科系统中通过电的预失真及数字学科系统中的数字后补偿。

(3) 在耦合光电振荡器系统中，存在不同学科中信号的相互转换：在主动锁模激光器环中，微波信号通过电光调制器转换为光信号；在光电振荡器环中，光信号通过光电探测器转换为微波信号。

在对耦合光电振荡器进行上述耦合关系分析的基础上，进行解耦。

(1) 对于耦合关系图 4.13(a)，即学科 1 的状态变量对学科 2 的状态变量有影响，而学科 2 的状态变量又反过来对学科 1 的状态变量有影响的情况。

首先进行敏度分析，分析各关键参量对某项特性 (待优化目标) 的影响规律。对这些参量的灵敏度进行分析，找出敏感和不敏感的量；对不敏感的量进行简化和代理，从而实现解耦。以锁模激光器输出的光功率作为待优化目标为例进行说明，优化过程如图 4.14 所示。

光学学科系统锁模激光器的功率涉及的参量包括锁模激光腔的增益、调制器的偏置电压、输入微波信号的功率 (来自微波学科系统的输入)。微波学科系统光电振荡器输出微波信号的功率涉及的参量包括电放大器的饱和功率、增益、调制器的偏置电压、输入光脉冲的功率 (来自光学学科系统的输入)。

对于锁模激光器环，光信号通过电光调制器，输出光功率与射频输入端的信

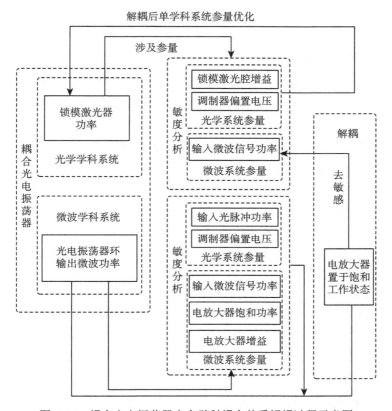

图 4.14　耦合光电振荡器中多学科耦合关系解耦过程示意图

号 V_{in} 的关系为

$$P(t) = (\alpha G_0 P_0/2) \left\{ 1 - \eta \sin[\pi(V_{in}/V_\pi + V_B/V_\pi)] \right\} \tag{4.15}$$

式中，α 为调制器的插损；V_π 为调制器的半波电压；V_B 为调制器的偏置电压；P_0 为输入光功率；G_0 为锁模激光腔的增益；η 由调制器的截止比率决定。因此，可以看出，锁模激光器的功率涉及的参量包括锁模激光腔的增益、调制器的偏置电压、输入微波信号的功率 (来自微波学科系统的输入) 等。

对于光电振荡器环，光信号 $P(t)$ 通过光电探测器转化为电信号，该输出电信号经过放大以后得到

$$V_{out}(t) = \rho R G_A P(t) = 2V_{ph} \left\{ 1 - \eta \sin[\pi(V_{in}/V_\pi + V_B/V_\pi)] \right\} \tag{4.16}$$

式中，ρ 是光电探测器的响应常数；R 为 PD 的载入电阻；G_A 为电放大器增益。其中，$V_{ph} = \rho R G_A(\alpha P_0/2) = R G_A I_{ph}$ 为 PD 输出电压，$I_{ph} = \rho \alpha P_0/2$ 为光电流。因

此, 可以看出, 光电振荡器环输出微波信号功率涉及的参量包括电放大器的饱和功率、增益、调制器的偏置电压、输入光脉冲的功率等。

对这些参量的灵敏度进行分析, 找出敏感和不敏感的量。将光电振荡器中电放大器置于饱和工作状态, 此时光电振荡器输出微波信号的功率对电放大器的增益、调制器的偏置电压、输入光脉冲的功率均不敏感。因此, 针对光学系统锁模激光器输出功率来说, 可简化输入微波信号功率的参数, 通过调节锁模激光腔的增益、调制器的偏置电压来使得该优化目标达到最优。基于上述过程, 通过各参数的敏度分析, 以及对不敏感参数的简化和代理, 实现了解耦。

(2) 对于耦合关系 [图 4.13(b)], 即学科 1 和学科 2 的系统中对某项功能或者特性的实现均有贡献的情况, 分析不同补偿方式对各项参数的影响规律, 进行不同学科内实现方式的分配, 实现所需功能和特性的优化。

(3) 对于耦合关系 [图 4.13(c)], 即学科 1 和学科 2 的状态参量存在相互转换的关系, 分析其转换模型, 对转换过程和参数进行优化设计, 从而实现总体系统功能和特性的优化。

在详细设计阶段, 逻辑分析的实质是厘清物理机理、耦合关系, 并给出详细的设计方案, 与此同时, 还需要进行物理分析, 即确定物理尺寸、形状、功耗和接口关系等, 最终就可以完成一个典型的微波光子系统的多学科协同设计。

4.3　微波光子时空频联合处理单元建模及表征评估

4.3.1　微波光子时空频处理单元联合建模挑战

微波光子处理存在多维信息相互映射的特性, 而这种多维信息映射与复杂耦合关系使微波光子处理的模型构建面临如下三个方面的挑战。

(1) 微波光子处理的多学科协同和多维度特性中涉及的时域、频域、空域等处理域之间存在较大差异, 难以通过单一域的整体建模实现整个功能系统的设计。

(2) 缺少微波光子处理模型的多处理域联合描述、评估方法及相应的规范。由于微波光子处理的时、空、频多维信息耦合, 且处理过程存在多维映射和转换, 其模型构建方法和规范的建立面临挑战, 多处理域的融合与整体分析也较为困难。

(3) 微波光子时空频处理模型是多维度与多功能单元组合的产物, 其时、空、频多处理维度之间的相互耦合特性使模型的构建、反演迭代与优化面临挑战。

通过对微波光子处理的时空频多维信息映射与多学科耦合机理开展研究, 主要可以从四个方面来解决上述多维映射和多域耦合的问题。

(1) 通过多学科域的子模型分解，以及不同域子模型的映射，实现多学科域子模型的融合，从而保证跨多学科模型的构建。

(2) 为了准确表征多维信息映射和多学科耦合的微波光子处理单元，建立多维信息的综合评估方法及函数。

(3) 对具有时空频多维信息映射的微波光子处理单元中不同域模型的信号流进行转换，形成完整闭环的处理单元模块的信号流，并实现对多域特性参数的分析。

(4) 针对微波光子处理单元的某一特性，通过对多学科耦合关系和机理的分析，提出解耦合措施，优化为单学科系统参量的建模，从而实现模型的快速准确响应。

4.3.2 微波光子处理单元联合建模及表征评估方法

任何一个微波光子系统都可以划分成多个子处理系统，为了规划系统的建模，微波光子时空频联合建模方法示意图如图 4.15 所示。其主要可分为如下三个步骤。

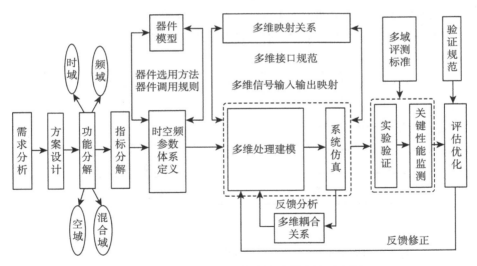

图 4.15 微波光子时空频联合建模方法示意图

步骤 1：方案框架构建。根据具体需求设计微波光子处理单元方案，再对方案进行功能分解、指标分解、多维处理域分解、器件选型和模型参数定义。

步骤 2：处理单元表征。基于建模规范对微波光子处理单元多维处理模型进行表征，并构建桌面实验系统，完成仿真和实验验证。

步骤 3：优化评估。建立微波光子处理单元的评估方法，基于构建的评估方法评估系统性能，通过评估结果反馈优化仿真模型。

为了进一步说明微波光子时空频处理单元的建模方法，以下结合典型的光学波束形成处理单元介绍时空频联合建模的方法。

1. 微波光子处理单元联合建模的方案框架构建

光学波束形成单元的实现方式有多种，首先进行光学波束形成的需求分析，根据是否需要超宽带工作，是否需要实现多波束形成，进行具体的光学波束形成单元方案的选择。例如，以宽带微波光子移相器为核心构建的光学波束形成网络在大瞬时带宽激励下仍然具有波束偏斜等效应的缺点，而基于光学真延时的波束形成在超宽带工作需求条件下则为更优的选择。

光控宽带射频波束形成单元的建模框架如图 4.16 所示，主要由多路并行的微波光子链路和天线阵列构成。其中，各微波光子链路可视为二端口的微波网络，其与时间频率有关的幅度、相位、延时响应可根据单元的某一目标波束控制状态进行调节，是光控宽带射频波束形成单元处理时空频多维度信号的核心；处理单元中的天线阵列由多个空间位置不变的天线单元构成，天线单元数量与微波光子链路的数量相等，每个天线单元都有与之对应的一条微波光子链路。

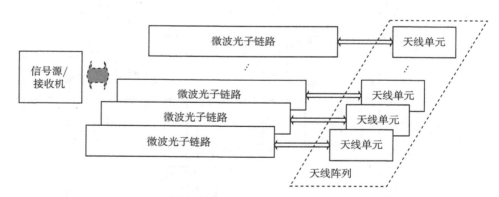

图 4.16　光控宽带射频波束形成单元的建模框架

在明确方案需求、确定方案框架之后，可以根据方案中各部分的功能对处理单元进行分解，如图 4.17 所示，光控宽带射频波束形成单元可以分解为多路并行的微波光子链路和天线阵列；针对光控宽带射频波束形成单元的某一目标波束控制状态下各个微波光子链路的配置，将各个微波光子链路中的光器件在光频段的时间频率响应映射为微波光子链路在微波频段的时间频率子模型；获取天线阵列中各天线单元的辐射子模型；建立天线阵列的空域子模型；将各子模型融合，得到单元的时空多维频谱响应函数。

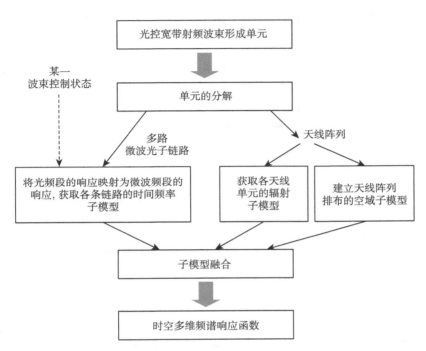

图 4.17 光控宽带射频波束形成单元的时空频多维建模流程框图

2. 微波光子处理单元联合建模的表征方法

完成方案框架构建后，需要实现微波光子处理单元的表征。通用的表征方法如图 4.18 所示，首先对微波光子处理单元的功能进行分析，分解得到多个子模块及其对应的模型；从模型库中调用匹配的器件模型，组合得到子模块模型；基于调用的子模块模型构建微波光子处理单元模型，并与实验结果对比，反馈修正微波光子处理单元，包括对子模型、器件模型的反馈修正，直到最终实现符合需求的微波光子处理单元。

下面基于以上通用的微波光子处理单元表征方法对光控宽带射频波束形成单元分解得到的微波光子链路单元进行建模，其建模目标是构建其时间频率子模型，即获得其在某一目标波束控制状态 S 下的幅度、相位、延时响应随时间频率的变化关系 $H_L(\omega_t, n; S)$，其中，ω_t 为时间频率，n 为微波光子链路的序号。图 4.19 显示了一条微波光子链路的基本结构。假定激光器输出的光载波信号是 $\exp(\mathrm{j}\omega_c t)$，

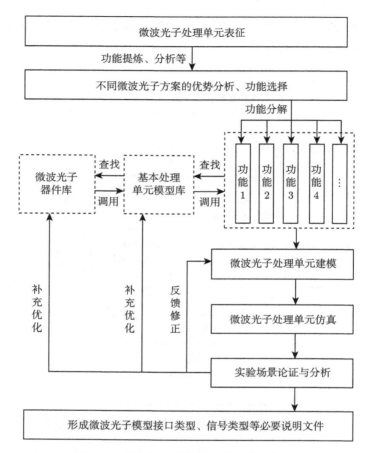

图 4.18　通用微波光子处理单元表征方法

其中，ω_c 是 S 的函数；输入的微波信号是 $\cos(\omega_t t)$。不失一般性，在小信号调制下，高阶边带 ($\geqslant 2$) 可以忽略，则经过电光调制后的光信号可表示为

$$e_1(t) = A_{-1}\mathrm{e}^{\mathrm{j}(\omega_c - \omega_t)t} + A_0 \mathrm{e}^{\mathrm{j}\omega_c t} + A_{+1}\mathrm{e}^{\mathrm{j}(\omega_c + \omega_t)t} \tag{4.17}$$

式中，A_{-1}、A_0、A_{+1} 分别是由调制制式决定的 -1 阶边带、载波、$+1$ 阶边带的复系数。对于常用的基于正交偏置 MZM 的电光强度调制，有 $A_1 = A_{+1} = \mathrm{J}_1(\beta)$ 以及 $A_0 = \mathrm{J}_0(\beta)$，其中，$\beta$ 是调制指数，J_n 是 n 阶第一类贝塞尔函数。如果应用单边带调制，则 A_{-1} 或 A_{+1} 的理想值为 0。已调光随后进入相应可控光器件中。设光器件的光频段时间频率响应函数是 $H_{\mathrm{opt}}(\omega; S)$，则经过光器件的已调光可表示成：

$$e_2(t) = A_{-1}H_{\mathrm{opt}}(\omega_c - \omega_t; S)\,\mathrm{e}^{\mathrm{j}(\omega_c - \omega_t)t}$$

$$+ A_0 H_{\text{opt}}(\omega_c; S) e^{j\omega_c t} + A_{+1} H_{\text{opt}}(\omega_c + \omega_t; S) e^{j(\omega_c + \omega_t)t} \tag{4.18}$$

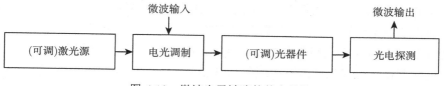

图 4.19 微波光子链路的基本结构

经过光电探测后，光载波分别与 −1 和 +1 阶边带拍频，光信号的强度包络被提取出来。忽略包络中的直流项和强度很小的二次项，所得的微波信号是

$$i_{\text{AC}}(t) = \gamma \text{Re} \left\{ \exp(j\omega_t t) \cdot \left[\begin{array}{l} A_{-1}^* A_0 H_{\text{opt}}^*(\omega_c - \omega_t; S) H_{\text{opt}}(\omega_c; S) \\ + A_0^* A_{+1} H_{\text{opt}}^*(\omega_c; S) H_{\text{opt}}(\omega_c + \omega_t; S) \end{array} \right] \right\} \tag{4.19}$$

式中，γ 为由光载波强度和光电探测器的响应度共同决定的常数。将式 (4.19) 与输入的微波信号 $\cos(\omega_t t)$ 相比较，可得到这条微波光子链路的时间频率子模型：

$$H_{\text{L}}(\omega_t, n; S) = \gamma \left[A_{-1}^* A_0 H_{\text{opt}}^*(\omega_c - \omega_t; S) H_{\text{opt}}(\omega_c; S) \right.$$

$$\left. + A_0^* A_{+1} H_{\text{opt}}^*(\omega_c; S) H_{\text{opt}}(\omega_c + \omega_t; S) \right] \tag{4.20}$$

可见，光器件在光频段的时间频率响应 $H_{0\pi t}(\omega; \Sigma)$ 已经映射到了微波光子链路在微波频段的时间频率响应。值得注意的是，式 (4.20) 等号右边的 A_0、A_{-1}、A_{+1}、ω_x 和 $H_{0\pi t}(\omega; \Sigma)$ 等在必要时都可以是 ν 的函数，此处省略变量 ν 以保证简洁性。

另外，对光控宽带射频波束形成单元分解得到的天线阵列单元建模，获取各天线单元的辐射子模型及其阵列排布形式的空域子模型。序号为 ν 的天线单元的辐射子模型由 $A(\omega_t, \omega_s n)$ 表示，其中 ω_s 为与时间频率无关的归一化空间频率向量。借助如图 4.21 所示的几何关系，可得到 ω_s 与 $\zeta \geqslant 0$ 半空间中远场观察角度 (θ, φ) 的关系为

$$\omega_s = (\omega_\theta, \omega_\varphi) = (\sin\theta\cos\varphi, \sin\theta\sin\varphi)$$
$$\theta \in \left[0, \frac{\pi}{2}\right], \quad \varphi \in [0, 2\pi) \tag{4.21}$$

特别地，当观察角度仅在一个角度维度中变化，即 $\varphi = 0$ 或 $\varphi = \pi$ 时，ω_s 退化为单变量 ω_s，此时有

$$\omega_s = \sin\theta, \quad \theta \in [-\pi/2, \pi/2] \tag{4.22}$$

天线单元的辐射子模型是时间频率 ω_t、归一化空间频率 ω_s 和天线序号 ν 的三元函数，可通过在不同单音信号激励下测量各个天线的方向图获得，也可通过电磁仿真或理论计算得到。天线阵列排布的空域子模型由 $\boldsymbol{p}_n = (x_n, y_n, z_n)$ 表示，其物理意义为第 ν 个天线单元的空间坐标。由于 $\boldsymbol{p}_n$ 的取值并没有限制，其能够描述的阵列排布方式包括沿直线或曲线以任意间距排布的一维线阵，以及在平面或曲面上以任意间距排布的二维面阵等各种复杂情形。

光控宽带射频波束形成系统各关键部分的子模型可融合成整个系统的时空多维频谱响应函数。如图 4.20 所示，在 $z \geqslant 0$ 半空间中有一远场观察点 A。设点 A 与天线单元 n 的观察角对应的归一化空间频率为 $\boldsymbol{\omega}_s(n)$，由天线单元 n 到点 A 的传输距离为 $d(n)$，损耗为 $l(n)$。根据远场假设，有

$$\begin{cases} \boldsymbol{\omega}_s(n) \simeq \boldsymbol{\omega}_s(0) \\ d(n) \simeq d(0) - \boldsymbol{p}_n \cdot \boldsymbol{e}_A \\ l(n) \simeq l(0) \end{cases} \tag{4.23}$$

式中, $l(0)$、$d(0)$、$\boldsymbol{\omega}_s(0)$ 分别为原点到点 A 的传输损耗、传输距离和观察角度对应的归一化空间频率; $\boldsymbol{e}_A$ 为原点到点 A 连线的单位向量，可表示为添加一个维度后的 $\boldsymbol{\omega}_s(0)$:

$$\boldsymbol{e}_A = \left(\boldsymbol{\omega}_s(0), \sqrt{1 - |\boldsymbol{\omega}_s(0)|^2} \right) \tag{4.24}$$

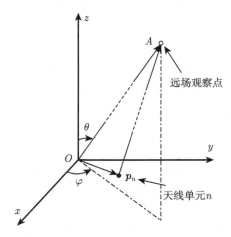

图 4.20　光控宽带射频波束形成系统的子模型融合成整个系统的时空多维频谱响应函数

在某一目标波束控制状态 S 下，设光控宽带射频波束形成系统的激励为时间频率为 ω_t 的单音信号，则经微波光子链路 n 处理，送入天线单元 n 的信号为 $H_L(\omega_t, n, S)$，而点 A 接收到的来自天线单元 n 的信号可以表示为

$$H_n\left[\omega_t, \boldsymbol{\omega}_s\left(0\right);S\right]=l\left(0\right)H_L\left(\omega_t,n;S\right)A\left[\omega_t,\boldsymbol{\omega}_s\left(0\right),n\right]\exp\left\{-\mathrm{j}\omega_t\frac{1}{c}\left[d\left(0\right)-\boldsymbol{p}_n\cdot\boldsymbol{e}_A\right]\right\}$$
(4.25)

点 A 接收到的总信号为各天线单元所发射信号的叠加：

$$H\left[\omega_t, \boldsymbol{\omega}_s\left(0\right);S\right]=\sum_n H_n\left[\omega_t, \boldsymbol{\omega}_s\left(0\right);S\right]$$
(4.26)

联立式 (4.24)~ 式 (4.26)，并省略来自各天线信号中共有的损耗 $l(0)$ 和传输距离 $d(0)$，则有

$$H_n\left[\omega_t, \boldsymbol{\omega}_s\left(0\right);S\right]$$
$$=\sum_n\left\{H_L\left(\omega_t,n;S\right)A\left[\omega_t,\boldsymbol{\omega}_s\left(0\right),n\right]\exp\left[\mathrm{j}\frac{\omega_t}{c}\boldsymbol{p}_n\cdot\left(\boldsymbol{\omega}_s\left(0\right),\sqrt{1-\left|\boldsymbol{\omega}_s\left(0\right)\right|^2}\right)\right]\right\}$$
(4.27)

在远场扫描点 A 的位置，即可得到光控宽带射频波束形成系统的时空多维频谱响应函数：

$$H\left(\omega_t,\boldsymbol{\omega}_s;S\right)=\sum_n\left\{H_L\left(\omega_t,n;S\right)A\left(\omega_t,\boldsymbol{\omega}_s,n\right)\exp\left[\mathrm{j}\frac{\omega_t}{c}\boldsymbol{p}_n\cdot\left(\boldsymbol{\omega}_s,\sqrt{1-\left|\boldsymbol{\omega}_s\right|^2}\right)\right]\right\}$$
(4.28)

即完成了对光控宽带射频波束形成系统的时空频多维建模。该模型的物理意义可以理解为发射模式下光控宽带射频波束形成系统对待发射信号的时间频率域滤波与空域的辐射方向图重构作用，或接收模式下光控宽带射频波束形成系统对不同方向、不同时间频率信号的选择性增益与衰减。

3. 微波光子时空频处理单元联合建模的评估方法

在完成处理单元表征之后，为了准确评估目标方案和模型的性能，需要建立多维信息的综合评估方法及函数。同样以光控宽带射频波束形成单元为例，为评估其主要特性，构建由二维响应图、相关峰值方向图、品质因数 (用于综合评价光控宽带射频波束形成系统的主瓣准确度、旁瓣抑制比和杂散等指标) 三者组成的联合评价体系，从器件层面到系统层面全方位地描述光控宽带射频波束形成系统在不同激励信号下的特性。三种描述方式之间的降维映射关系如图 4.21 所示，一

个复杂的二维响应通过降维，用一个相对简单的品质因数来描述和评价波束系统的性能，该值越高，性能越好。

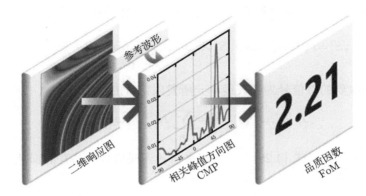

图 4.21　二维响应图、相关峰值方向图、品质因数之间的降维映射关系

1) 二维响应图

简单起见，将波束形成网络视为具有多个通道的线性时不变系统，则光控宽带射频波束形成系统在各频率下的特性可由各通道的时域冲激响应函数 $h_n(t)$ 或者频域系统函数 $H_n(\omega)$ 完备地描述。这样，波束形成网络的阵因子可在频域中表示为

$$H\left(\theta,\omega\right)=\sum_n H_n\left(\omega\right)\cdot\exp\left(\mathrm{j}n\frac{\omega d}{c}\sin\theta\right) \tag{4.29}$$

式中，θ 为观察角度。

显然，式 (4.29) 体现了各个观察角度下各频率处的全部响应细节，但作为二维函数，其图形化显示与常见的方向图等概念有较大差别，不利于与现有评价体系的结合。

2) 相关峰值方向图

由于光控宽带射频波束形成系统具有很大的瞬时带宽，其处理的信号波形大大突破了传统窄带系统的"类正弦"限制，因此有必要定义一种与波形相关的宽带方向图，在引入"信号波形"这一要素的同时完成二维阵因子函数到相关峰值方向图的降维映射。具体做法是，首先利用理想的参考波形 $s(t)$ 和阵因子 $H(\theta,\omega)$ 计算出远场信号的时域波形：

$$g_\theta\left(t\right)=F^{-1}\left\{F\left\{s\left(t\right)\right\}\cdot H\left(\theta,\omega\right)\right\} \tag{4.30}$$

式中，$F(\cdot)$ 和 $F^{-1}(\cdot)$ 分别代表傅里叶变换和傅里叶逆变换。在式 (4.30) 的计算过程中，为突出波束形成网络这一主要评估对象，不妨假设波束形成系统使用的是无互耦、响应平坦、各向同性的理想天线阵元。为充分体现光控宽带射频波束形成系统可能引起的波形失真,放弃了降维映射中常见的信号时域积分方法,转而采用与理想参考信号间的互相关来定义宽带方向图。将远场时域波形与参考信号做互相关:

$$r_\theta(\tau) = \int_{-\infty}^{+\infty} g_\theta(\tau) \cdot s(t+\tau)\,\mathrm{d}t \tag{4.31}$$

则宽带方向图可由每个角度下的相关峰值定义:

$$\mathrm{CMP}(\theta) = \max_\tau \{r_\theta(\tau)\} \tag{4.32}$$

一个典型的相关峰值宽带方向图如图 4.22 所示,其中的参考为移相系统的方向图。①表示目标角度下的幅度,该参数反映波束主瓣幅度的大小与准确度,主瓣的偏离会使该参数下降;②表示波束最大旁瓣或栅瓣的幅度,该参数反映宽带阵列对空域杂散的抑制能力,其值越低表示阵列性能越优。

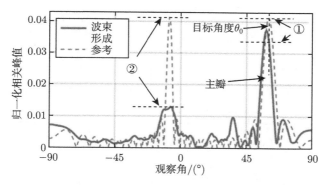

图 4.22 相关峰值宽带方向图 (经过归一化) 的示例及其中的关键参数

3) 品质因数

为在不同光控宽带射频波束形成系统间进行横向对比,需要定义一个品质因数来定量描述宽带方向图的优劣。为此,先将相关峰值宽带方向图归一化:

$$\rho(\theta) = \frac{\mathrm{CMP}(\theta)}{\int_{-\pi/2}^{+\pi/2} \mathrm{CMP}(\theta)\,\mathrm{d}\theta} \tag{4.33}$$

在方向图中,主瓣估计方差由

$$\mathrm{KP}_3 = \int_{-\pi/2}^{+\pi/2} (\theta-\theta_0)^2 \rho(\theta)\,\mathrm{d}\theta \tag{4.34}$$

计算，体现空域杂散的总影响。

这样，品质因数可以定义为待评估光控宽带射频波束形成系统的上述参数相对于参考移相系统的比值：

$$\mathrm{FoM} = \frac{\mathrm{KP}_1}{\mathrm{KP}_1^{\mathrm{ref}}} \cdot \left(\frac{\mathrm{KP}_2}{\mathrm{KP}_2^{\mathrm{ref}}}\right)^{-1} \cdot \left(\frac{\mathrm{KP}_3}{\mathrm{KP}_3^{\mathrm{ref}}}\right)^{-1} \tag{4.35}$$

其中，用于参考的移相系统具有与待评估系统相同的阵元数量、阵元间距以及信号中心波长。

为说明综合评估方法的性能，现针对光控宽带射频波束形成系统，利用图 4.23 所示的评估流程，对时空频多维度综合评估方法进行分析。在图 4.24 中，由于各个通道具有不同的色散值，当调谐激光器的输出波长改变时，各通道所承载信号的延时会有不同的变化量。若各个通道的色散值为步进分布，则可产生天线阵列所需的步进时延。

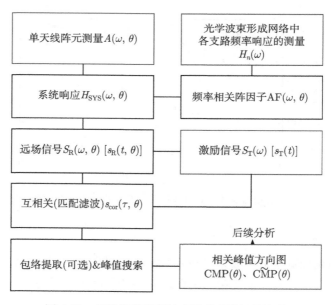

图 4.23　光控宽带射频波束形成系统评估流程

设系统具有 16 个天线单元，阵元间距为 22.5mm，目标指向为阵列法向，即 0°；所发射的微波信号为线性调频信号，其中心频率为 20 GHz，带宽为 8 GHz。图 4.25 显示了不同电光调制方式下按照综合评估方法对波束形成网络的分析结果。其中，图 4.25(a)~(c) 分别为上单边带、双边带和下单边带调制下在步进色散等于 20ps/nm 时的二维响应图。可以看到，由于色散引入的非线性相位的影响，

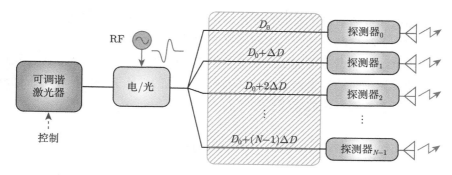

图 4.24 基于步进色散和可调谐激光器的光学波束形成网络原理示意图

单边带调制下仍出现了一定的波束偏斜现象，而双边带调制由于可以看作上单边带调制和下单边带调制二者的叠加，其本该位于 0° 的主瓣出现了分裂。双边带调制和单边带调制下的归一化相关峰值方向图分别如图 4.25(d) 和 (e) 所示。从相关峰值方向图中可以得出，尽管真时延波束形成网络能有效抑制栅瓣，但较大色散引入的非线性相位仍会使主瓣发生分裂或偏斜。为反映波束形成网络的总体性能，通过不同步进色散值计算双边带调制、单边带调制和经相位补偿后单边带调

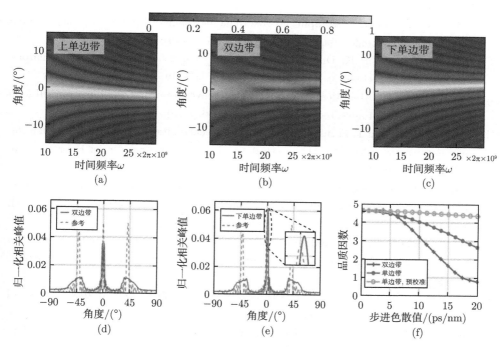

图 4.25 利用综合评估方法分析光学波束形成网络的结果

制下网络品质因数随步进色散值的变化关系，如图 4.25(f) 所示。可见，在步进色散值较小时，各种调制方式都可实现较好的波束形成功能，但此时激光器需要在较大的波长范围内调谐方可实现波束宽角扫描。随着步进色散值的增大，双边带调制、单边带调制时的波束形成网络都会出现明显的性能下降，但单边带调制经相位补偿后可有效缓解色散非线性相位的不利影响。

4.4　本 章 小 结

本章详细分析了微波光子处理单元的时空频多域处理方法的基本原理和特点，同时还给出了微波光子处理单元的处理域划分方法和内在的多域信息映射关系，并以此为依据提出了微波光子多域处理单元的建模方案，为评价模型的性能，提出了对应的模型表征和评估方法。

参 考 文 献

[1] Coppinger F, Bhushan A S, Jalali B. Photonic time stretch and its application to analog-to-digital conversion. IEEE Transactions on Microwave Theory and Techniques, 1999, 47(7): 1309-1314.

[2] Mei Y, Xu Y, Chi H, et al. Spurious-free dynamic range of the photonic time-stretch system. IEEE Photonics Technology Letters, 2017, 29(10): 794-797.

[3] Yacoubian A, Das P K. Digital-to-analog conversion using electrooptic modulators. IEEE Photonics Technology Letters, 2003, 15(1): 117-119.

[4] Oda S, Maruta A. All-optical digital-to-analog conversion using nonlinear optical loop mirrors. IEEE Photonics Technology Letters, 2006, 18(5): 703-705.

[5] Nishitani T, Konishi T, Furukawa H, et al. All-optical digital-to-analog conversion using pulse pattern recognition based on optical correlation processing. Optics Express, 2005, 13(25): 10310-10315.

[6] Zhang Y, Pan S. Broadband microwave signal processing enabled by polarization-based photonic microwave phase shifters. IEEE Journal of Quantum Electronics, 2018, 54 (4): 0700112.

[7] Pan S, Zhang Y. Tunable and wideband microwave photonic phase shifter based on a single-sideband polarization modulator and a polarizer. Optics Letters, 2012, 37 (21): 4483-4485.

[8] Capmany J, Ortega B, Pastor D. A tutorial on microwave photonic filters. Journal of Lightwave Technology, 2006, 24(1): 201-229.

[9] Zhang Y, Pan S. Complex coefficient microwave photonic filter using a polarization-modulator-based phase shifter. IEEE Photonics Technology Letters, 2013, 25(2): 187-

189.

[10] Polo V, Vidal B, Corral J L, et al. Novel tunable photonic microwave filter based on laser arrays and $N \times N$ AWG-based delay lines. IEEE Photonics Technology Letters, 2003, 15(4): 584-586.

[11] Tang Z, Pan S. Image-reject mixer with large suppression of mixing spurs based on a photonic microwave phase shifter. Journal of Lightwave Technology, 2016, 34(20): 4729-4735.

[12] Tang Z, Pan S. A reconfigurable photonic microwave mixer using a 90° optical hybrid. IEEE Transactions on Microwave Theory and Techniques, 2016, 64(9): 3017-3025.

[13] Li W, Yao J. Dynamic range improvement of a microwave photonic link based on bi-directional use of a polarization modulator in a Sagnac loop. Optics Express, 2013, 21(13): 15692-15697.

[14] Mathai S, Cappelluti F, Jung T, et al. Experimental demonstration of a balanced electroabsorption modulated microwave photonic link. IEEE Transactions on Microwave Theory and Techniques, 2001, 49(10): 1956-1961.

[15] Azaña J, Chen L R, Muriel M A, et al. Experimental demonstration of real-time Fourier transformation using linearly chirped fibre Bragg gratings. Electronics Letters, 1999, 35(25): 2223-2224.

[16] de Chatellus H G, Cortés L R, Azaña J. Optical real-time Fourier transformation with kilohertz resolutions. Optica, 2016, 3(1): 1-8.

[17] Zhang B, Zhu D, Lei Z, et al. Impact of dispersion effects on temporal-convolution-based real-time Fourier transformation systems. Journal of Lightwave Technology, 2020, 38(17): 4664-4676.

[18] Ye X, Zhu D, Zhang Y, et al. Analysis of photonics-based RF beamforming with large instantaneous bandwidth. Journal of Lightwave Technology, 2017, 35(23): 5010-5019.

[19] Wijenayake C, Madanayake A, Belostotski L, et al. All-pass filter-based 2-D IIR filter-enhanced beamformers for AESA receivers. IEEE Transactions on Circuits and Systems I: Regular Papers, 2014, 61(5): 1331-1342.

第 5 章　微波光子系统的协同设计与联合仿真

微波光子学经过多年发展,目前已经广泛应用于通信、雷达、电子战、数据中心等领域 [1-5]。通过多轮技术迭代,上述电子信息系统本身已经成为复杂系统,在其设计过程中涵盖了多个学科领域。而在进一步融入了微波光子技术之后,多个学科交织的特征显著增强 [6]。

本书第 2 章将 RFLP(需求-功能-逻辑-物理) 系统方法论引入微波光子系统的多学科协同设计中,并开发了一种微波光子多学科协同设计与仿真平台架构。该架构的主要特点在于将 RFLP 系统设计方法与微波光子系统相结合,并且通过异构模型封装方法集成了当前多种专业仿真工具和模型,可实现微波光子多学科协同设计与仿真验证的有效迭代,实现了知识层面的多学科协同;另外,该架构也支持多学科设计人员进行密切交互,实现人员层面的多学科协同。上述设计方法和设计平台能够将微波光子系统的设计模式由 “前期靠经验设计和静态文档传递,后期靠大量调试” 向 “前期通过多学科协同仿真实现高效精确设计,后期通过少量调试实现设计优化迭代” 转变。

本章结合 RFLP 的建模方法论,主要阐述复杂微波光子系统的多学科协同设计方法,并以微波光子干涉仪为典型实例展示了不同设计师在系统、分机、模块等层次的协同、设计、建模、仿真和优化过程。通过实例的展示,读者能够更快地了解 RFLP 多学科协同设计在微波光子系统的理念和应用方法。

5.1　微波光子系统的主要组成

系统的设计方法通常与设计对象的组成、特点等密切相关。在阐述微波光子系统的多学科协同设计方法之前,本书有必要先简要介绍微波光子系统的典型组成和主要功能单元。

微波光子系统是一种多学科特征明显的复杂系统。以系统的信号形式为例,通常系统输入和输出的信号,以及系统内靠近天线 (前端) 和靠近信号处理 (后端) 的信号形式为微波信号;系统中段的各种光域处理单元的信号形式为光信号;而系统后端信号处理单元的信号形式是数字信号。根据信号变换关系,微波光子系统通常具有图 5.1 所示的基本单元结构 [7],其主要功能和特点如下。

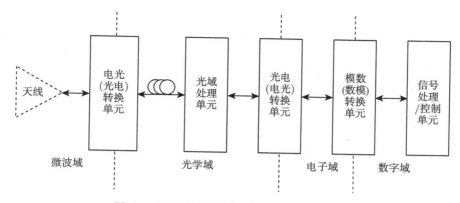

图 5.1　微波光子系统的典型通用架构示意图

(1) 天线单元: 主要功能是收集自由空间中辐射的微波信号或向自由空间辐射微波信号。天线不论用于接收还是发射, 输入和输出都是微波信号, 因此该单元工作于微波域。需要指出的是, 并非在所有的微波光子系统中都需要天线单元。如果与微波光子系统进行信号交换的不是自由空间, 而是另外的微波系统, 则不需要天线单元。

(2) 电光 (光电) 转换单元: 主要功能是完成信号在微波域和光学域之间的转换。对于接收而言, 该单元的功能是将输入的微波信号转换为光信号输出; 对于发射而言, 该单元的功能是将输入的光信号转换为微波信号输出, 因此该单元工作于微波和光学的混合域。

(3) 光域处理单元: 主要功能是在光学域内完成某种或多种信号处理过程, 根据具体功能的不同, 光域处理单元具有不同的原理和组成, 常见的包括光传输链路、光学波束形成单元、光学变频单元、光生微波/毫米波单元等。光域处理单元的输入和输出都是光信号, 因此工作于光学域。

(4) 光电 (电光) 转换单元: 主要功能与电光 (光电) 转换单元相同, 只是信号转换的方向正好相反。对于接收而言, 该单元的功能是将输入光信号转换为微波信号; 对于发射而言, 该单元的功能是将输入微波信号转换为光信号, 因此该单元也是工作于微波和光学的混合域。

(5) 模数 (数模) 转换单元: 主要功能是完成信号在微波域与数字域之间的转换。由于当前各种信息系统的后端信号处理广泛采用了数字技术, 因此在微波域 (模拟信号) 和数字域之间需要使用该单元进行信号转换。

(6) 信号处理/控制单元: 主要功能是对数字化后的信号进行处理, 以及对系统各单元的功能进行控制。通常该单元的输入和输出都是数字信号, 因此工作于数字域。

需要指出的是，图 5.1 代表的是当前微波光子系统的常见组成，为了突出微波光子系统的多学科和跨信号域特征，对于一些相对细分的功能单元并没有在图中体现出，如微波通道 (通常含限幅、放大、滤波等功能)、微波变频等功能单元。此外，随着微波光子处理技术的快速发展，一些新原理、新方法的微波光子功能单元不断被研制出来，图 5.1 的微波光子系统组成将可能发生一些显著变化。例如，有可能未来的微波光子系统会直接实现对模拟光信号与数字光信号之间的转换，并通过光学的数字处理器进行信号处理 [8-13]，从而简化靠近后端的光电 (电光) 转换单元。

微波光子系统具有的技术特点如下。

(1) 大瞬时带宽：由微波光子处理的宽带性直接决定。

(2) 广覆盖空域：由光学多波束的同时多波束能力决定，源于微波光子处理的并行性特点。

(3) 实时处理：由微波光子处理的高速性所决定。

(4) 高灵敏度、高截获概率：由光学多波束的高阵列增益、广覆盖空域特点和光学信道化的高灵敏度特点共同决定。

(5) 同时多目标定向侦察干扰：由光学多波束的空域滤波能力和广覆盖空域特点，光学信道化的频域滤波能力和大动态范围特点，以及光学任意波形发生器带来的瞬时带宽大、频域精度高、杂散水平低等特点共同决定。

(6) 体积小、重量轻、易于集成：得益于微波光子处理的小巧性和并行性特点。

5.2　微波光子系统的 RFLP 协同设计与建模仿真过程

在本书的第 2 章中介绍了基于 RFLP 的微波光子协同设计方法。RFLP 设计方法从需求 (R)、功能 (F)、逻辑 (L) 和物理 (P) 四个角度分别给出系统的描述视图。同时，这四个角度的视图将系统由"黑盒"状态逐步明确为"白盒"状态。因此，基于 RFLP 的微波光子系统设计方法符合人们对于事物的认知过程。

另外，在完成系统设计之后，应当对设计的方案进行验证评估，进而实现对设计方案的优化改进，经过多轮迭代之后达到最优化的设计效果。因此，需要根据设计方案来对系统进行建模和仿真。系统仿真模型的构建应当尽可能逼近实物系统，即"数字样机"。

图 5.2 给出了基于 RFLP 的微波光子系统设计以及建模仿真过程。在系统的功能 (F) 视图设计阶段，就可以初步开始构建系统的多层级仿真模型；而设计流程推进到逻辑 (L) 视图设计阶段时，系统内的各种信号关系、控制关系等得到明

确，系统多层级仿真模型的逻辑关系也相应可以得到确定。然后，通过系统模型的仿真运行得到系统总的响应结果，以及器件、组件等多层级单元的响应结果，这些结果被用于判断是否满足系统设计的预期要求。如果与预期要求存在差距，则返回功能 (F) 视图阶段，对系统的组成、参数等进行优化；当仿真后的结果满足预期要求时，系统进入物理 (P) 视图设计阶段，从而确定系统的真实物理形态。

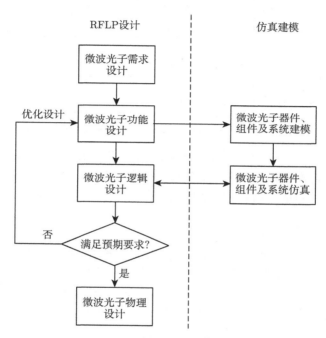

图 5.2 基于 RFLP 的微波光子系统设计以及建模仿真过程

RFLP 设计方法是从工程设计的角度出发，分为应用层、系统层和基础层三个层次。那么具体到微波光子多学科系统中，这三个层次分别对应总体层面 (应用层)、各专业分机层面 (系统层)、不同功能模块层面以及基础器件层面 (基础层)。这种多学科和层次之间的接口关系如图 5.3 所示，在微波光子系统设计过程中，微波、光学、数字、天线、结构、工艺等多个学科的专业设计者在对总体、系统、分机、模块的设计中应始终贯彻 RFLP 的设计方法和设计理念。其中，上一层级的设计要求可作为需求传输到下一层级，使得系统设计的整个过程始终瞄准初始需求。

5.2.1 需求视图

需求视图用来描述系统各层级的需求关系，是进行后续设计的重要基础。在描述需求视图时，可以先进行需求分类，然后在每一类需求中明确具体的需求项。

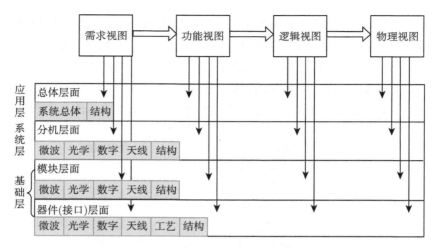

图 5.3　RFLP 设计过程与系统分层设计的关系示意图

表 5.1 中给出了需求视图的分类和具体项目的示例。与所有的系统开发相似,微波光子系统的需求最初来源于用户或市场。但是这些初始的需求属于总体层面,往往较为"笼统",只能大概描述"要什么""什么样""有哪些功能""成本是多少""周期是多长"等。

表 5.1　总体需求视图分类及项目示例表

需求分类	需求项
应用需求	应用背景、应用场合、能力边界、使用年限、注意事项等
技术需求	功能需求、性能需求、系统指标等
成本需求	系统的研制、生产等成本的预期等
其他需求	可维修性、电磁兼容性等

从总体需求视图出发,各个学科、专业的设计师需要进一步挖掘和细化各种相关的需求,如表 5.2 所示。

5.2.2　功能视图

功能视图是需求视图的下一步,是在需求视图的基础上进行细化和延伸,主要目的是明确系统的总体功能,对系统进行细化分解,并明确各层级单元的功能。在进行功能视图描述的同时,系统的组成关系也就基本得到确定。描述系统的功能视图可以参照前面提到的四层级结构,即总体、分机、模块、器件。当然,随着集成化技术的不断进步,越来越多的电子系统走向微型化、芯片化,微波光子系统也不例外。系统层级之间的界限也随着集成度的提升而逐渐模糊。但不管

表 5.2　需求视图分类及项目示例

需求种类	需求描述
总体需求 (应用层需求视图)	如表 5.1 所示
分机需求 (系统层需求视图)	1. 天线学科：天线分机需求，如尺寸、孔径等； 2. 微波学科：微波前端分机需求、变频分机需求等，如前端、变频通道数、增益等； 3. 光学学科：光学前端分机需求、光学波束形成分机需求等，如波束指向、增益损耗等； 4. 数字学科：接收分机需求、信号处理分机需求等，如工作频率、瞬时带宽、处理速率等； 5. 结构学科：分机结构设计需求，如工艺、尺寸、形状等
模块需求 (基础层需求视图)	1. 天线学科：天线阵元需求，如个数、类型等； 2. 微波学科：微波通道需求、变频通道需求等，如噪声系数、P_1 等； 3. 光学学科：电光转换需求、光学延迟网络需求等，如转换插损、偏置工作状态、延迟网络结构等； 4. 数字学科：数据采集需求、信号处理板卡需求等，采集、处理带宽、工作频段等； 5. 结构学科：模块结构设计需求等
器件需求 (基础层需求视图)	1. 天线学科：天线尺寸、间距、类型等； 2. 微波学科：微波放大器、微波相移器、微波滤波器、微波混频器等指标需求； 3. 光学学科：光学调制器、光学探测器、光学延时线、光开关等指标需求； 4. 数字学科：数模转换、FPGA 等指标； 5. 工艺学科：元器件生产工艺选择； 6. 结构学科：器件的结构设计与布局等

如何命名系统的多个层级，按照层次化、模块化的思路对系统的功能进行分解和设计都是有必要的，只有通过正确、适当的功能划分，才能够开展多学科协同设计。表 5.3 以光学波束形成系统为例，给出了空域功能逐层分解的一个示例。

表 5.3　功能视图示例

功能层级	功能描述
光学波束形成总体功能 (应用层功能视图)	具有 60° 的空间覆盖能力，根据阵列规模，波束宽度约为 10°，故同时采用 12 个波束来满足要求
光学波束形成分机功能 (系统层功能视图)	对信号进行光学真延时处理，形成 12 个指向不同的波束。拟划分为 3 个光学波束形成模块，每个模块可形成 4 个指向不同的波束
光学波束形成模块功能 (基础层功能视图)	对信号进行光学真延时处理，每个模块内有 4 根具有不同延时量的光学延时线
光学波束形成组件、器件功能 (基础层功能视图)	构成波束形成系统的组件、器件非常多，包括激光器、调制器、探测器、延时线等，这里以波束形成核心组件延时线为例进行阐述。延时线组件是对光信号进行光学真延时处理。每个光学延时线由一根色散补偿光纤构成，不同波长的光载微波信号同时经过色散光纤之后得到不同的延时加权量，从而形成一个特定指向的合成波束
其他设计	...

5.2.3　逻辑视图

逻辑视图是在需求视图和功能视图的基础上，重点描述系统内部各层级之间/之内的层次、信号流、接口、控制等关系。在功能视图的描述中，虽然已经对系统的组成进行了多层级的细化，但是细化后各种组成单元之间的关系并没有得到明确，甚至信号的走向也只有一个大概的方向，尚不能形成可执行具体功能的微波光子系统。而在逻辑视图的描述中，不仅信号的走向需要明确，信号的接口采用何种形式、信号属于什么类型 (如微波信号、光信号、数据、控制信号等)等都需要一一得到明确。并且在进行逻辑视图描述时，也应当在组成上对系统进行进一步的细化。此外，除了硬件相关的设计之外，逻辑视图的描述还包括对系统的信号处理算法、控制算法等软件相关方面的设计。表 5.4 给出了一个逻辑视图可以包含的分类和具体内容的示例。

表 5.4　逻辑视图的分类及相关描述内容

逻辑视图分类	描述内容示例
层次管理	描述系统结构树，各层级之间的功能与性能映射关系等，可基于指标的层次化分解来进行
处理流程	描述系统的工作逻辑，对信号的处理流程
信号接口	描述层级之间/之内的各单位的接口类型、传递的信号形式、输入输出连接关系、接口数量等
控制接口	描述系统的控制信号的形式、协议、接口形式等
软件、算法	描述系统控制软件功能、运行逻辑，以及有关的信号处理算法、系统控制算法等
其他设计	...

表 5.4 的表述较为抽象，为了便于读者理解，作者仍然以光学波束形成系统为例，分层次进行逻辑视图的梳理和分解，如下。

(1) 光学波束形成总体逻辑 (应用层逻辑) 视图。

要实现表 5.3 所示的系统功能，系统逻辑视图中应包括天线、微波前端通道、光学前端通道、信号分配网络、延时加权网络、幅度加权网络、网络校正单元和网络控制单元。将上述单元以信号流的形式呈现，即系统逻辑视图，如图 5.4 所示，包含层次管理、处理流程、信号接口、控制接口、软件、算法等逻辑视图要素。接收信号进入天线阵列后被分入多个微波前端通道，完成滤波、放大等预处理过程，并通过光学前端通道实现电光转换；接着，电光转换后的信号进入信号分配网络、延时加权网络和幅度加权网络，对不同通道内的信号进行幅相调控；最后，通过网络校正单元对所有通道内的信号做进一步校正并进行波束输出。

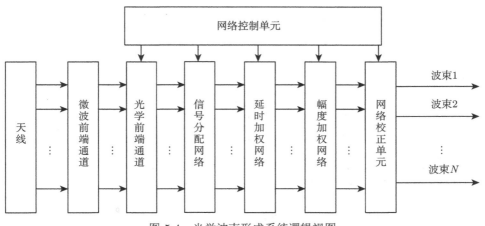

图 5.4　光学波束形成系统逻辑视图

(2) 光学波束形成分机逻辑 (系统层逻辑) 视图。

根据光学波束形成系统逻辑视图,进一步细分构成该系统的分机。例如,天线和微波前端通道为一分机;光学前端通道和光学放大模块独立为一分机;信号分配网络、延时加权网络、幅度加权网络、网络校正单元和光电探测单元为一分机;网络控制单元单独为一分机。那么各个分机的逻辑视图如图 5.5 所示。相比于系统逻辑视图,分机逻辑视图下的分机内部组成、接口、连接关系等要素更加明确。

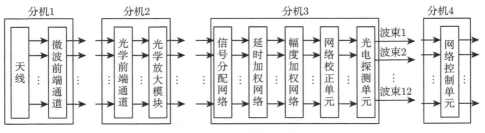

图 5.5　光学波束形成各分机逻辑视图

(3) 光学波束形成模块逻辑 (基础层逻辑) 视图。

根据光学波束形成分机逻辑视图,对分机内的模块进行原理设计,以满足功能要求和性能需求。这里以光学前端模块和延时加权网络模块为例,其详细逻辑视图如图 5.6 所示。对于光学前端模块,多通道激光器阵列输出多路激光,微波信号经过功分器后,通过多通道电光调制器阵列对多路激光进行调制,每路光载微波信号的调制状态由偏置电压进行控制。对于延时加权网络模块,其延时控制由多路延时单元组成,每路延时单元均由 5bit 光纤延时阵列构成。

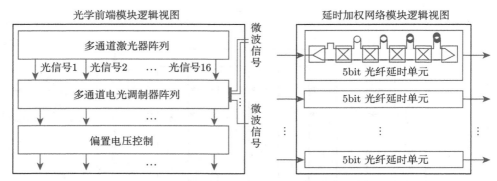

图 5.6　光学前端模块和延时加权网络模块逻辑视图

(4) 光学波束形成组件、器件逻辑 (基础层逻辑) 视图。

当逻辑视图分解到组件或者器件层面上时，认为已经到达最小单元，没有必要进一步细化。例如，光学延时线主要由光纤构成，那么光纤便是最小逻辑单元，不用进行细分。

5.2.4　物理视图

在上述设计过程完成之后，系统在原理上应当已经具备了执行预期功能和满足预期性能的条件，而物理视图则要在可选用的实物对象的基础上，结合使用要求 (如安装尺寸、应用平台、环境防护要求等)，设计系统的真实物理形态。因此，对系统物理视图的描述主要是结构设计工作，通常可以采用各种成熟的商业设计软件，设计器件、模块、分机的 3D 结构图，并模拟装配过程。此外，由于物理形态与热分布、应力分布、电磁兼容等密切相关，而系统的使用寿命、安全性等又与这些因素密切相关，因此物理视图的描述也应当包含热、应力、电磁兼容等方面的设计。表 5.5 是物理视图描述内容的一个示例，包含通常需要设计的内容。

表 5.5　物理视图的分类及相关描述内容

分类	设计内容
结构设计	系统、分机、模块、组件等各层级的结构件设计，包含但不限于物理尺寸、安装位置等
热设计	与结构设计协同，根据系统的功耗、工作环境等因素，设计散热结构，以及其他辅助装置
电磁兼容设计	根据系统的电磁兼容、抗干扰等要求，设计电磁屏蔽等装置
六性设计	可靠性设计、测试性设计、维修性设计、安全性设计、保障性设计、环境适应性设计
其他设计	...

那么，一个典型的光学波束形成的物理视图分解如下。

(1) 光学波束形成总体物理 (应用层物理) 视图。

系统的物理视图设计主要受到系统需求视图边界的约束，例如，光学波束形成系统应用场景不同，其物理视图的设计也不相同。在地面、飞机、卫星等不同平台上的应用，对应着系统不同的大小、重量、尺寸和外形要求。同时，对温度、振动和辐射的要求也不相同。以地面应用的波束形成为例，其物理视图如图 5.7 所示，整个系统是放在一个矩形的封闭箱体中，并由一个支撑柱支起，从而获得一定高度，可以与外部天线紧耦合。

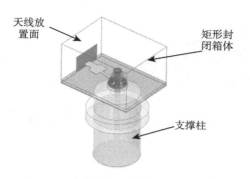

图 5.7　光学波束形成系统物理视图

(2) 光学波束形成分机物理 (系统层物理) 视图。

根据光学波束形成系统物理视图和分机逻辑视图，各个分机的结构组合起来需要小于图 5.7 所示的空间，基于此，分机设计师对分机的结构进行了细化，如图 5.8 所示。

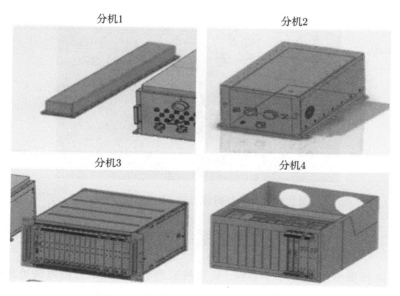

图 5.8　光学波束形成各分机物理视图

(3) 光学波束形成模块物理 (基础层物理) 视图。

模块放在分机内部，在模块物理视图的设计过程中，需要始终以分机物理视图为边界，在整体尺寸、结构、重量的约束下进行模块的设计。这里以天线和光学前端为例，给出其设计的物理视图，如图 5.9 所示。

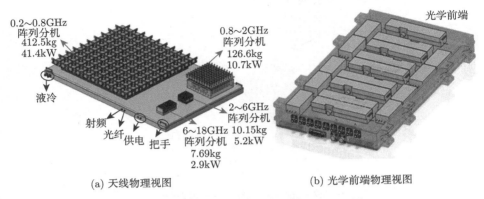

(a) 天线物理视图　　　　　　　　　　　(b) 光学前端物理视图

图 5.9　天线模块和光学前端模块物理视图

(4) 光学波束形成组件、器件物理 (基础层物理) 视图。

组件、器件的选择受到模块尺寸的约束，由于组件、器件属于最小单位，因此只需要选用合理的货架产品，其形态、大小、重量满足要求即可，光学延时线组件的物理视图如图 5.10 所示。

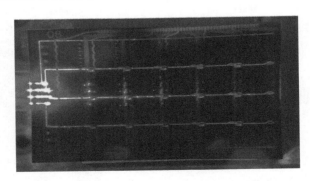

图 5.10　光学延时线组件 (芯片) 物理视图

5.3　微波光子系统建模仿真示例

本节选择典型的微波光子系统，从系统原理分析出发，分析系统处理过程，并运用器件模型来构建系统模型 (器件模型的构建方法已在本书的第 3 章中阐述，这里不再赘述)，最终对仿真的结果进行展示和分析。

干涉仪测向系统是一种常见的侦察类系统，其基本结构简单，易于实现，能够对信号入射的方向进行测量，在电子战、通信等领域被广泛应用。

干涉仪系统的典型应用场景如图 5.11 所示，飞机在执行任务中会遭受到四面八方的威胁，因此一种可以实现宽带、360° 测向能力的干涉仪至关重要。

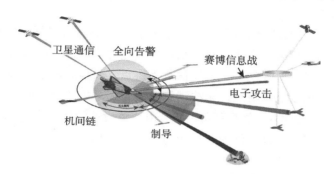

图 5.11　干涉仪系统的典型应用场景

基于微波光子技术的干涉仪测向系统，在干涉仪的基本原理之上，采用了微波光子传输链路作为多通道信号的传输路径 [14–17]，不仅具备 360° 测向能力，还具备宽工作频段和大瞬时带宽的特点，能够应对多种雷达信号的威胁。

5.3.1　微波光子干涉仪系统 RFLP 设计过程

1. 总体需求视图 (R)

微波光子干涉仪总体需求视图如图 5.12 所示。

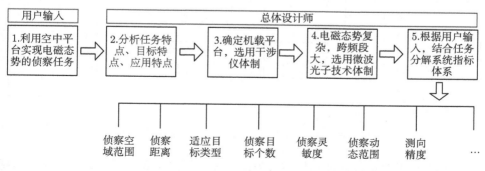

图 5.12　微波光子干涉仪总体需求视图

(1) 用户目标为 "利用空中平台实现电磁态势的侦察任务"，那么总体设计师根据该任务首先应分析任务特点、目标特点及应用特点。由于要实现电磁态势的侦察任务，其特点在于 "全"，即全域频谱感知；而侦察的目标可能存在多个频段、多个方向，具有宽频段、低功率、任意方向猝发等特征；应用于机载平台，其特点在于空间有限、载荷重量有限、高速运动、温度变化大、平台振动大等。

(2) 根据上述特点分析，首先确定应用场景为机载平台。由于机载平台对目标测向的高精度要求，以及对载荷体积、重量的小型化和轻量化要求，确定使用干涉仪技术体制。

(3) 确定平台和技术体制后，总体设计师需要根据任务目标的特点，确定技术路线。例如，利用机载平台实现对复杂环境的电磁侦察任务，其目标具备宽频谱范围、大瞬时带宽、低零功率、猝发探测等特点。而传统基于射频体制的干涉仪由于带宽窄、灵敏度低等缺点，无法满足用户需求，故选择微波光子技术体制。

(4) 根据用户的输入，结合任务特点，由总体设计师进行指标体系的建立，如侦察空域范围、侦察距离、适应目标类型、侦察目标个数、侦察灵敏度、侦察动态范围等。

2. 总体功能视图 (F)

微波光子干涉仪总体功能视图如图 5.13 所示。

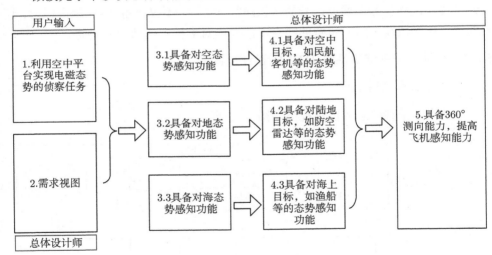

图 5.13　微波光子干涉仪总体功能视图

(1) 根据用户输入以及总体需求视图可知，用户需要获得的是对电磁态势感知的全面性，因此可以确定微波光子干涉仪系统应具备对空、地、海等多类目标的电磁态势感知功能。

(2) 空中目标有民航客机、无人机等携带的雷达信号干扰，陆地目标有预警、防空等各类陆基雷达探测，海上目标有渔船、舰艇等通信雷达目标，因此总体设计师联合各专业人员应详细分析各类目标的功能和参数指标，进行总结归纳，支持实现更为全面的态势感知能力。

(3) 通过用户输入可知，微波光子干涉仪系统搭载于空中平台，如飞机等，那么空中平台就会受到重量、尺寸的限制，要求设计师利用一套干涉仪系统来实现 360° 测向能力，提高平台的感知能力。

3. 总体逻辑视图 (L)

微波光子干涉仪总体逻辑视图如图 5.14 所示。

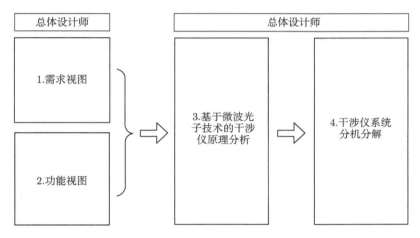

图 5.14 微波光子干涉仪总体逻辑视图

以需求视图和功能视图为输入，分析基于微波光子技术的干涉仪原理。采用微波光子干涉仪测向系统模型的处理过程如图 5.15 所示，微波光子链路在干涉仪测向系统模型中的作用是进行多个阵元信号的并行传输。

干涉仪测向是利用不同天线阵元的间距构成基线，如 D_1 和 D_2，然后通过信号在基线两端的天线阵元上的相位差来反演获得信号的入射角度。通常，基线长度越长，角度反演的精度越高，但是由于相位是以 2π 为周期的，长基线会使得相位周期出现模糊。因此，通常需要使用多根基线来解除模糊。

干涉仪多基线解模糊的方法有多种，本节拟采用参差基线法来构建模型。参差基线法的原理主要是余数定理，原理上使用两根基线即可解模糊。两根基线的要求是它们的长度是某个基础长度的倍数，且倍数之间互为质数。

下面简述参差基线法解干涉仪相位模糊的原理。

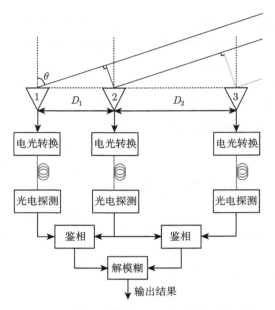

图 5.15　微波光子干涉仪测向系统原理示意图

假设双基线长度分别为 $D_1 = m_1 x$, $D_2 = m_2 x$, m_1 和 m_2 互为质数, $x < \lambda_{\min}/2$($\lambda_{\min}$ 是工作频段的高端频点对应的波长)。设信号入射角为 θ, 输入信号的频率为 f, 其对应的波长为 $\lambda = c/f$。双基线对应的无模糊相位差 Φ_1 和 Φ_2 分别为

$$\Phi_1 = \frac{2\pi D_1 \sin\theta}{\lambda} = \frac{2\pi m_1 x \sin\theta}{\lambda} = 2\pi N_1 + \varphi_1 \tag{5.1}$$

$$\Phi_2 = \frac{2\pi D_2 \sin\theta}{\lambda} = \frac{2\pi m_2 x \sin\theta}{\lambda} = 2\pi N_2 + \varphi_2 \tag{5.2}$$

式中, φ_1 和 φ_2 分别是实际测量得到的相位差, 根据鉴相器的特点, $\varphi_1, \varphi_2 \in [-\pi, +\pi]$, 是带有模糊的, 与真实相位差分别相差 2π 的 N_1 和 N_2 倍。

当入射角 $\theta > 0°$ 时, 将 φ_1 和 φ_2 转换到 $[0, 2\pi)$ 区间, 这时有 $N_1, N_2 \geqslant 0$, 将式 (5.1) 和式 (5.2) 变形后得到

$$\frac{m_1 m_2 x}{\lambda} \sin\theta = N_2 m_1 + \frac{\varphi_2}{2\pi} m_1 \tag{5.3}$$

$$\frac{m_1 m_2 x}{\lambda} \sin\theta = N_1 m_2 + \frac{\varphi_1}{2\pi} m_2 \tag{5.4}$$

将 $\frac{m_1 m_2 x}{\lambda} \sin\theta$ 作为被除数, m_1 和 m_2 是两个互质的除数, 再将 $\frac{\varphi_2}{2\pi} m_1$ 和 $\frac{\varphi_1}{2\pi} m_2$ 分别取整之后作为余数, 就可以利用余数定理求得被除数, 进而再求得 N_1

和 N_2。根据式 (5.3) 和式 (5.4) 得到两根基线对应的真实相位差 Φ_1 和 Φ_2，最终由式 (5.5) 得到入射角 θ。

$$\theta = \arcsin\left(\frac{\Phi\lambda}{2\pi D}\right) \tag{5.5}$$

基于上述原理，总体设计师对干涉仪系统进行功能划分，完成系统分解，包括天线分机、微波前端分机、光学前端分机、光学干涉仪处理分机以及信号处理分机等，如图 5.16 所示。

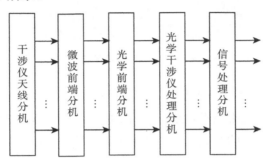

图 5.16　微波光子干涉仪测向系统分机分解

根据所分解的分机构成，将分解后的任务分配给不同专业、不同学科的设计师，完成进一步的详细设计。

4. 总体物理视图 (P)

微波光子干涉仪总体物理视图如图 5.17 所示。

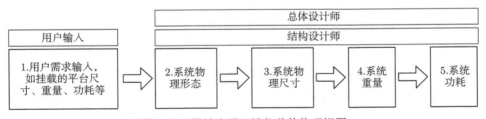

图 5.17　微波光子干涉仪总体物理视图

(1) 总体物理视图的初始边界主要来源于用户，用户需要向总体设计师提供干涉仪挂载平台的相关情况，如平台尺寸、重量、功耗等，并给出需求说明，如分配的尺寸、重量和功耗。

(2) 总体设计师会同结构设计师根据总体需求，进行进一步细化。在基于微波光子技术的干涉仪系统形态方面，设计师需要考虑需求视图和功能视图，例如，要实现 360° 测向，既需要在不同象限中同时部署相应节点，又要考虑载荷平台的形态，便于其在飞机上挂载。微波光子干涉仪系统物理形态视图如图 5.18 所示，便于飞机的搭载。物理视图其他的要素如物理尺寸、重量和功耗都可以进行一一细化，并形成对下一层设计师的需求输入。

图 5.18　微波光子干涉仪系统物理形态视图

5.3.2　微波光子干涉仪分机 RFLP 设计过程

该部分的设计输入来源于系统总体的 RFLP 设计结果，通过对总体逻辑视图的建模，可以明确分机的组成，并分别落实到各学科设计师。

1. 天线分机 RFLP 设计过程

天线分机 RFLP 设计过程如图 5.19 所示。

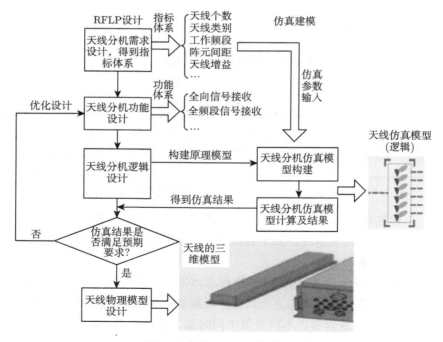

图 5.19　天线分机 RFLP 设计过程

(1) 根据总体需求视图，分解出天线分机的指标体系，如天线个数、天线类别、工作频段、阵元间距、天线增益等。

(2) 根据总体功能视图，分解出天线分机要实现的功能，包括全向信号接收、全频段信号接收等。

(3) 根据总体逻辑视图，分析天线分机原理，构建仿真模型，得到仿真结果，并与需求视图相呼应，判断是否满足指标体系。

(4) 根据总体物理视图，构建天线分机的三维物理视图。

2. 微波前端分机 RFLP 设计过程

与天线分机 RFLP 设计过程类似，微波前端分机 RFLP 设计过程如图 5.20 所示，具体分析如下。

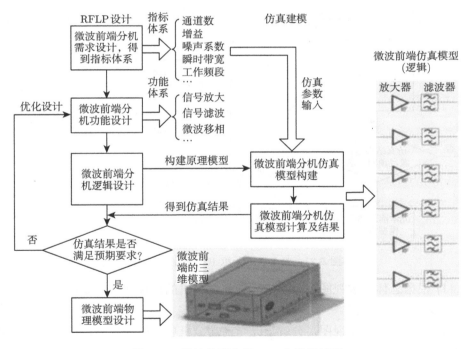

图 5.20 微波前端分机 RFLP 设计过程

(1) 根据总体需求视图，分解出微波前端分机的指标体系，如通道数、增益、噪声系数、瞬时带宽、工作频段等。

(2) 根据总体功能视图，分解出微波前端分机要实现的功能，包括信号放大、信号滤波、微波移相等。

(3) 根据总体逻辑视图, 分析微波前端分机原理, 构建仿真模型, 包括射频放大器、滤波器等, 它们之间的连接关系、接口格式如图 5.20 的仿真模型所示。接着对其进行仿真测试, 并与需求视图相呼应, 判断是否满足指标体系。

(4) 根据总体物理视图, 构建微波前端分机的三维物理视图。

3. 光学前端分机 RFLP 设计过程

光学前端分机 RFLP 设计过程如图 5.21 所示。

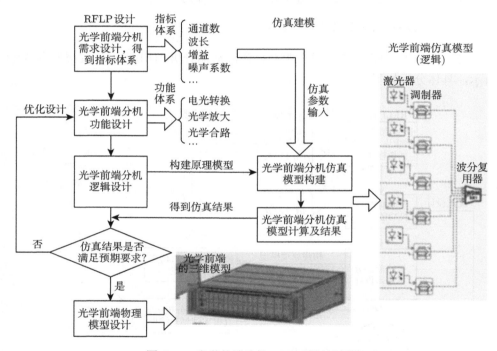

图 5.21　光学前端分机 RFLP 设计过程

(1) 根据总体需求视图, 分解出光学前端分机的指标体系, 如通道数、波长、增益、噪声系数等。

(2) 根据总体功能视图, 分解出光学前端分机要实现的功能, 包括电光转换、光学放大、光学合路等。

(3) 根据总体逻辑视图, 分析光学前端分机原理, 构建仿真模型, 包括激光器、调制器、波分复用器等, 它们之间的连接关系、接口格式如图 5.21 的仿真模型所示。接着对其进行仿真测试, 并与需求视图相呼应, 判断是否满足指标体系。

(4) 根据总体物理视图, 构建光学前端分机的三维物理视图。

4. 光处理分机 RFLP 设计过程

光处理分机 RFLP 设计过程如图 5.22 所示。

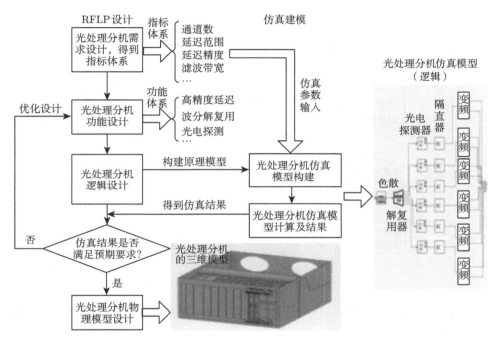

图 5.22 光处理分机 RFLP 设计过程

(1) 根据总体需求视图，分解出光处理分机的指标体系，如通道数、延迟范围、延迟精度、滤波带宽、损耗等。

(2) 根据总体功能视图，分解出光处理分机要实现的功能，包括高精度延迟、波分解复用、光电探测等。

(3) 根据总体逻辑视图，分析光处理分机的原理，构建仿真模型，包括色散光纤、波分解复用器、光电探测器以及变频器模型等，它们之间的连接关系、接口格式如图 5.22 的仿真模型所示。接着对其进行仿真测试，并与需求视图相呼应，判断是否满足指标体系。

(4) 根据总体物理视图，构建光处理分机的三维物理视图。

5. 信号处理分机 RFLP 设计过程

信号处理分机 RFLP 设计过程如图 5.23 所示。

(1) 根据总体需求视图，分解出信号处理分机的指标体系，如通道数、鉴相精度、测向精度等。

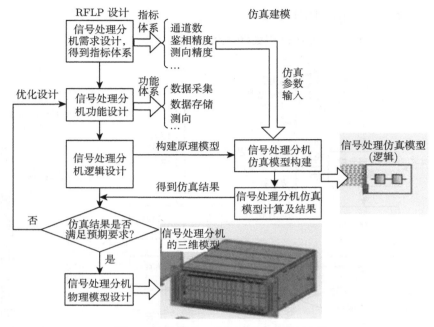

图 5.23　信号处理分机 RFLP 设计过程

（2）根据总体功能视图，分解出信号处理分机要实现的功能，包括数据采集、数据存储、测向等。

（3）根据总体逻辑视图，分析信号处理分机原理，构建仿真模型，得到仿真结果，并与需求视图相呼应，判断是否满足指标体系。

（4）根据总体物理视图，构建信号处理分机的三维物理视图。

6. 其他层次 RFLP 设计过程

完成分机设计后可进一步向下层分解，进行模块级和器件级的 RFLP 设计，其设计过程与分机类似，这里不再赘述。

5.3.3　微波光子干涉仪测向系统仿真及优化

微波光子干涉仪测向系统 RFLP 设计所得到的一系列结果，是为了能准确指导产品的建模仿真和研发，下面将给出具体仿真过程。

1. 仿真分析

根据 RFLP 设计过程中的逻辑视图分析，以图 5.15 所示的干涉仪测向系统处理过程作为依据，对微波光子干涉仪测向系统仿真模型的处理过程设计，如表 5.6 所示。

表 5.6 微波光子干涉仪测向系统仿真模型的处理过程设计

序号	处理过程	处理域	学科	说明
1	天线接收	微波域	电磁波、结构	得到进入天线的信号的时域波形,根据基线长度和入射角度,计算进入每个天线阵元的信号的相位
2	电光转换	微波-光域	材料学、光学	使用电光转换器模型,将每个天线阵元接收到的信号调制到光频段
3	光纤延时	光域	光学	通过设置多通道延时的随机误差值来仿真光纤传输的非一致性,进而评估对最后测向结果的影响
4	光电探测	光-微波域	光学、物理学	使用光电探测器模型,将每个通道内的光载射频信号转换回到微波频段。同时,模拟实际情况设置滤波器,消除频段外信号
5	鉴相	数字域	信号处理	将两路射频信号进行鉴相处理
6	解模糊	数字域	信号处理	利用余数定理计算解模糊数,得到真实入射角度

上述处理过程充分显示出多学科的交叉和融合的特点,要求不同设计师在设计过程中紧密协同,其处理流程如图 5.24 所示。模型采用多个子函数来构成系统

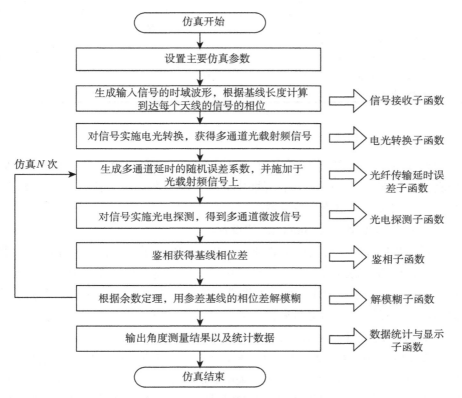

图 5.24 基于微波光子传输链路的干涉仪测向系统模型的流程图

的多个处理环节或不同器件的模型，这些子函数根据具体功能的不同，可以分为模拟域微波信号处理类的子函数，如信号接收子函数；模拟域微波-光学信号处理类的子函数，如电光转换子函数、光电探测子函数；模拟域光学信号处理类的子函数，如光纤传输延时误差子函数；数字域处理算法类的子函数，如鉴相子函数、解模糊子函数和数据统计与显示子函数。

其中，微波光子干涉仪测向系统模型的输入输出参数设置如表 5.7 所示。

表 5.7　微波光子干涉仪测向系统模型的输入输出参数设置

序号	参数名称	参数符号	参数范围	参数类型	说明
1	入射角度	θ	$-45° \sim 45°$	输入	采用 4 个象限来完成 360° 覆盖，每个象限的入射角度为 $-45° \sim 45°$
2	基线长度倍率	m_1, m_2	正整数	输入	m_1, m_2 必须满足互质关系
3	信号频率	f	$6 \sim 18$ GHz	输入	——
4	多通道延时误差最大值	dt	$0.01 \sim 1$ ps	输入	每次仿真为每个通道分配一个 $0 \sim 1$ 的随机数，该随机数乘以 dt 得到随机的延时误差值
5	仿真次数	A	$1 \sim 1000$	输入	多次仿真进行统计，分析测角误差值的统计分布规律
6	测角平均值	mes_ang	——	输出	
7	测角均方根误差 (root mean square error, RMSE)	RMSE	——	输出	

2. 仿真工程的构建

根据图 5.15 所示的原理图以及 RFLP 的设计结果，微波光子干涉仪测向系统仿真工程如图 5.25 所示。仿真界面中间部分是仿真工程搭建的核心区域。下面将会详细介绍每个模型的参数设置。

1) 雷达信号模型 (RdrSigGen) 的设置

根据 5.3.1 节总体功能视图的分析可知，微波光子干涉仪测向系统的主要功能是测量雷达信号的到达方向，那么在仿真工程构建中首先需明确对象特征，如脉冲宽度、重复频率、工作频率、工作模式等。图 5.26 给出了雷达模型的参数设置界面，具体设置参数和说明见表 5.8。

2) 天线阵列模型 (ArraysNonun6) 的设置

天线阵列模型的功能是接收雷达信号，并产生相应的延迟。便于后端信号处理的解模糊，所构建的微波光子干涉仪系统采用非均匀阵列形式，其核心设置参数为阵元间距。图 5.27 给出了天线阵列模型的参数设置界面，具体参数设置和说明见表 5.9。

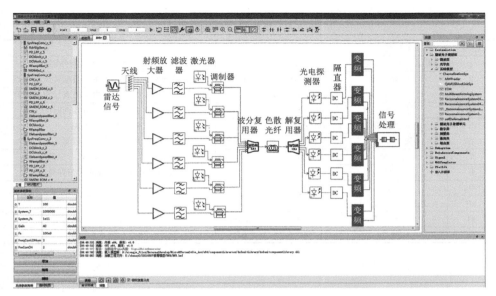

图 5.25　微波光子干涉仪测向系统仿真工程

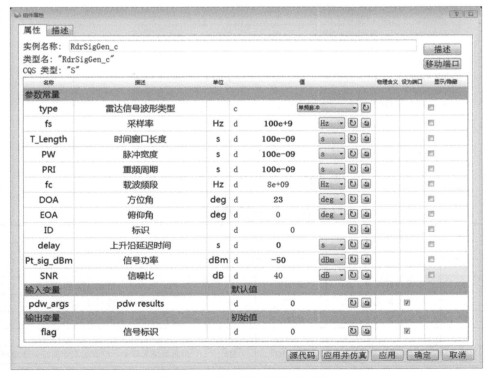

图 5.26　雷达模型参数设置界面

表 5.8　雷达模型参数设置

序号	参数名称	设置值	单位	说明
1	雷达信号波形类型	脉冲	—	以脉冲 (非连续波) 的形式向外辐射信号
2	采样率	100×10^9	Hz	仿真系统采样率，应满足奈奎斯特采样定理
3	时间窗口长度	100×10^{-9}	s	雷达信号持续的时间，也是仿真设置的时间
4	脉冲宽度	100×10^{-9}	s	一个周期内高电平持续的时间
5	重频周期	100×10^{-9}	s	脉冲的重复周期
6	载波频段	8×10^9	Hz	雷达脉冲的中心频率
7	方位角	23	°	雷达信号入射天线阵的方位角度
8	俯仰角	0	°	雷达信号入射天线阵的俯仰角度
9	标识	0	—	雷达 ID
10	上升沿延迟时间	0	s	初始延迟
11	信号功率	−50	dBm	雷达信号发射的平均功率
12	信噪比	40	dB	信号与噪声的比值

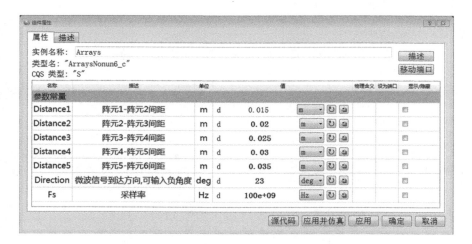

图 5.27　天线阵列模型参数设置界面

表 5.9　天线阵列模型参数设置

序号	参数名称	设置值	单位	说明
1	阵元 1-阵元 2 间距	0.015	m	阵元 1 与阵元 2 之间的间距
2	阵元 2-阵元 3 间距	0.020	m	阵元 2 与阵元 3 之间的间距
3	阵元 3-阵元 4 间距	0.025	m	阵元 3 与阵元 4 之间的间距
4	阵元 4-阵元 5 间距	0.030	m	阵元 4 与阵元 5 之间的间距
5	阵元 5-阵元 6 间距	0.035	m	阵元 5 与阵元 6 之间的间距
6	微波信号到达方向	23	°	雷达信号到达天线的方向角度
7	采样率	100×10^9	Hz	仿真系统采样率，应满足奈奎斯特采样定理

除了上述利用 C++ 建立模型外，也可以辅助以高频结构仿真软件 (high frequency structure simulator, HFSS) 等专业的天线仿真和建模工具[18-20]，其建模和仿真方法已经非常成熟，这里直接给出天线建模的结果，如图 5.28 所示。该模型通过第 6 章介绍的异构模型封装方法就可以转换成时域信号模型，并通过接口和数据格式的匹配，实现与前后模型的数据交互。

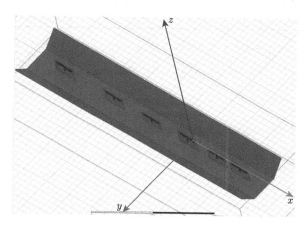

图 5.28 天线阵列 HFSS 模型

3) 射频放大器模型 (RFamplifier) 的设置

天线阵列接收到的信号一般属于微弱信号，对该信号进一步处理之前需要利用射频放大器模型进行低噪声放大，其核心设置参数为噪声系数和增益。图 5.29 给出了射频放大器模型的参数设置界面，具体参数设置和说明见表 5.10。

图 5.29 射频放大器模型参数设置界面

4) 射频滤波器模型 (Elebandpassfilter) 的设置

射频滤波器模型的功能是滤除带外噪声，提高信号的信噪比。根据干涉仪的应用场景，拟选用 2~18GHz 的射频滤波器，其核心参数包括中心波长、带宽、滤

波阶数等。图 5.30 给出了射频滤波器模型的参数设置界面,具体参数设置和说明
见表 5.11。

表 5.10　射频放大器模型参数设置

序号	参数名称	设置值	单位	说明
1	噪声系数	10	dB	通过该器件后噪声恶化程度
2	增益	40	dB	通过该器件后功率放大倍数

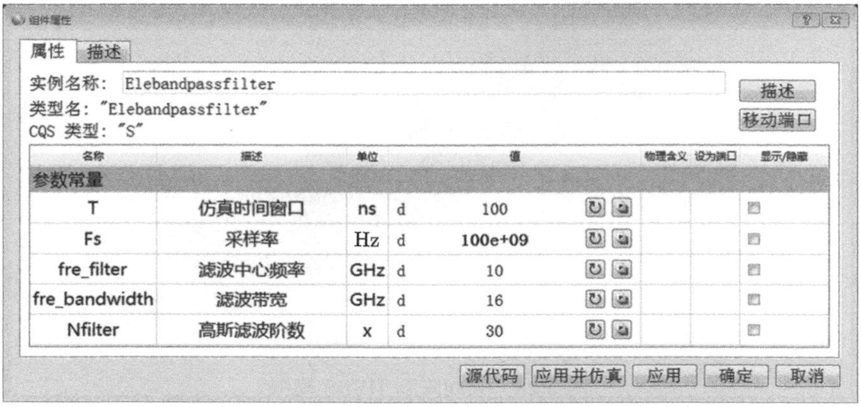

图 5.30　射频滤波器模型参数设置界面

表 5.11　射频滤波器模型参数设置

序号	参数名称	设置值	单位	说明
1	仿真时间窗口	100	ns	仿真设置的时间
2	采样率	100×10^9	Hz	仿真系统采样率,应满足奈奎斯特采样定理
3	滤波中心频率	10	GHz	滤波器带通部分的中心频率
4	滤波带宽	16	GHz	滤波器带通的频率宽度
5	高斯滤波阶数	30	——	滤波器阶数,阶数越高,滤波器边缘越陡峭

　　射频放大器和射频滤波器共同构成了微波前端分机,该分机的建模除了利用
图 5.25 所示的 C++ 外,也可以利用先进设计系统 (advanced design system,
ADS) 等专业的微波建模工具 [21−23]。该模型的构建结果如图 5.31 所示,配置好
合适的参数,能够提高整体系统的精确度。值得注意的是,由于该模型前后都是基
于时域信号流驱动进行数据交换的,因此在 ADS 建模过程中应选用数据流 (data
flow, DF) 仿真控制器,确保其输入输出的数据格式为数据流。此外,为了确保模
型的通用性,其输入输出的数据以文本文件的形式保存,更有利于与其他模型互
联互通。

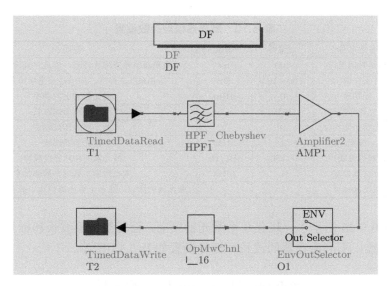

图 5.31 射频放大器及滤波器的 ADS 模型构建原理图

5) 激光器模型 (CW) 的设置

激光器模型的功能是为微波信号转换到光波信号提供光载波,其核心参数包括波长、功率、相对强度噪声等。图 5.32 给出了激光器模型的参数设置界面,具体参数设置和说明见表 5.12。

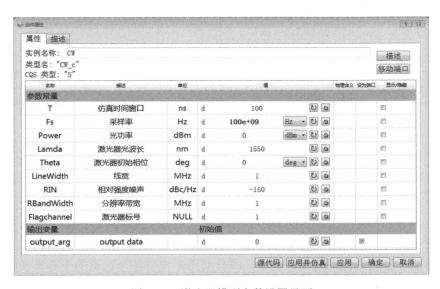

图 5.32 激光器模型参数设置界面

表 5.12　激光器模型参数设置

序号	参数名称	设置值	单位	说明
1	仿真时间窗口	100	ns	激光器信号持续的时间，也是仿真设置的时间
2	采样率	100×10^9	Hz	仿真系统采样率，应满足奈奎斯特采样定理
3	光功率	0	dBm	激光器输出的功率
4	激光器光波长	1550	nm	激光器输出的波长
5	激光器初始相位	0	°	激光器的初始相位
6	线宽	1	MHz	激光器的线宽
7	相对强度噪声	−150	dBc/Hz	激光器的相对强度噪声
8	分辨率带宽	1	MHz	激光器模型频域分辨率带宽
9	激光器标号	1	—	激光器的标识，在多个激光器仿真中拥有不同的标号

　　根据图 5.25 所示，一共有 6 个激光器模型，设置参数除波长和标号外，都与表 5.12 一致。不同激光器的波长和标号设置如表 5.13 所示。

表 5.13　不同激光器的波长和标号设置

序号	参数	设置值	单位
1	激光器 1 波长	1550	nm
2	激光器 1 标号	1	—
3	激光器 2 波长	1550.8	nm
4	激光器 2 标号	2	—
5	激光器 3 波长	1551.6	nm
6	激光器 3 标号	3	—
7	激光器 4 波长	1552.4	nm
8	激光器 4 标号	4	—
9	激光器 5 波长	1553.2	nm
10	激光器 5 标号	5	—
11	激光器 6 波长	1554.0	nm
12	激光器 6 标号	6	—

　　6) 电光调制器模型 (SMZM_EOM) 的设置

　　电光调制器模型的功能是将微波信号加载到光载波上，形成微波光子信号，其核心参数包括插损、半波电压、带宽等。图 5.33 给出了电光调制器模型的参数设置界面，具体参数设置和说明见表 5.14。

　　7) 波分复用器模型 (WDM6x1) 的设置

　　波分复用器模型的功能是将 6 路不同波长的微波光子信号合为一路，其核心参数包括中心波长、带宽等。其中，波分复用器模型各个通道的中心波长设置值应与对应的激光器波长一致。图 5.34 给出了波分复用器模型的参数设置界面，具体参数设置和说明见表 5.15。

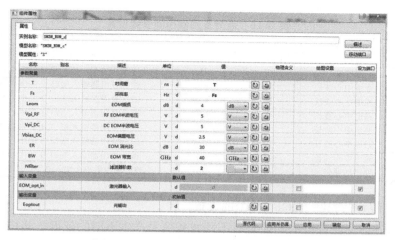

图 5.33　电光调制器模型参数设置界面

表 5.14　电光调制器模型参数设置

序号	参数名称	设置值	单位	说明
1	时间窗	100	ns	激光器信号持续的时间，也是仿真设置的时间
2	采样率	100×10^9	Hz	仿真系统采样率，应满足奈奎斯特采样定理
3	EOM 插损	4	dB	电光调制器插损
4	RF EOM 半波电压	5	V	射频输入端口的半波电压
5	DC EOM 半波电压	5	V	直流输入端口的半波电压
6	EOM 偏置电压	2.5	V	电光调制器的偏置电压
7	EOM 消光比	30	dB	电光调制器的消光比，高电平与低电平的比值
8	EOM 带宽	40	GHz	电光调制器的 3dB 带宽
9	滤波器阶数	2	—	滤波器抽头阶数

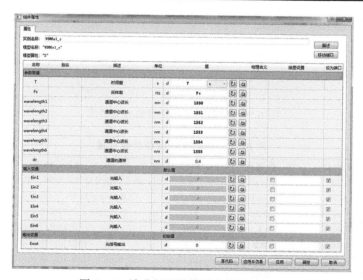

图 5.34　波分复用器模型参数设置界面

表 5.15　波分复用器模型参数设置

序号	参数名称	设置值	单位	说明
1	时间窗	100×10^{-9}	s	激光器信号持续的时间，也是仿真设置的时间
2	采样率	100×10^{9}	Hz	仿真系统采样率，应满足奈奎斯特采样定理
3	1 通道中心波长	1550	nm	波分复用器输入端口 1 的中心波长
4	2 通道中心波长	1551	nm	波分复用器输入端口 2 的中心波长
5	3 通道中心波长	1552	nm	波分复用器输入端口 3 的中心波长
6	4 通道中心波长	1553	nm	波分复用器输入端口 4 的中心波长
7	5 通道中心波长	1554	nm	波分复用器输入端口 5 的中心波长
8	6 通道中心波长	1555	nm	波分复用器输入端口 6 的中心波长
9	通道的通带	0.4	nm	波分复用器每个输入通道的滤波带宽

8) 色散补偿光纤 (DCF) 模型的设置

色散补偿光纤模型的功能是对不同波长信号产生不同的延迟，其核心参数包括参考波长、参考波长处的色散、相对色散斜率等。图 5.35 给出了色散光纤模型的参数设置界面，具体参数设置和说明见表 5.16。

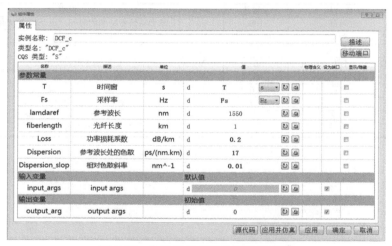

图 5.35　色散光纤模型参数设置界面

表 5.16　色散光纤模型参数设置

序号	参数名称	设置值	单位	说明
1	时间窗	100×10^{-9}	s	激光器信号持续的时间，也是仿真设置的时间
2	采样率	100×10^{9}	Hz	仿真系统采样率，应满足奈奎斯特采样定理
3	参考波长	1550	nm	色散光纤色散的参考点，与参数相关联
4	光纤长度	1	km	色散光纤的长度
5	功率损耗系数	0.2	dB/km	色散光纤的传输损耗
6	参考波长处的色散	17	ps/(nm·km)	光纤长度为 1km 时，波长相距 1nm 的色散量
7	相对色散斜率	0.01	nm^{-1}	色散随波长的变换率

9) 波分解复用器模型 (DWDM1x6) 的设置

波分解复用器模型的功能是将一路包含 6 个不同波长的微波光子信号按照波长分解为 6 路单独信号,其功能类似于并行滤波器。该器件在建模过程中利用了自适应技术,不需要任何参数设置,就可以实现不同波长信号的分离,带宽固定为 0.4nm。因此,参数设置界面如图 5.36 所示,无参数设置。

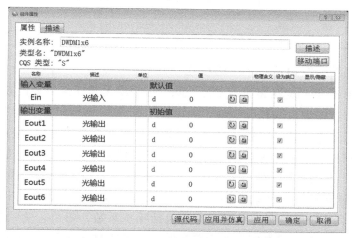

图 5.36 波分解复用器模型参数设置界面

10) 光电探测器模型 (PD_LFP) 的设置

光电探测器模型的功能是将光信号转换为微波信号并输出,实现滤波。其核心参数包括 PD 响应、噪声带宽、滤波带宽等。图 5.37 给出了光电探测器模型的参数设置界面,具体参数设置和说明见表 5.17。

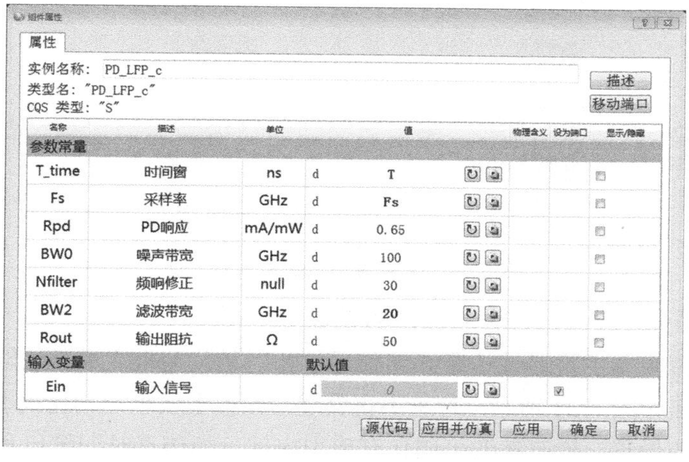

图 5.37 光电探测器模型参数设置界面

表 5.17　光电探测器模型参数设置

序号	参数名称	设置值	单位	说明
1	时间窗	100	ns	激光器信号持续的时间，也是仿真设置的时间
2	采样率	100	GHz	仿真系统采样率，应满足奈奎斯特采样定理
3	PD 响应	0.65	mA/mW	光电探测器的转换效率
4	噪声带宽	100	GHz	光电探测器的噪声带宽
5	频响修正	30	—	光电探测器频谱传输函数形状的修正，该值越大，频谱传输函数的边缘越陡峭
6	滤波带宽	20	GHz	光电探测器滤波带宽，超过 20GHz 的信号衰减显著
7	输出阻抗	50	Ω	光电探测器输出端口的等效阻抗

11) 隔直器模型 (DCblock) 的设置

隔直器模型的功能是将直流信号滤除。该模型无需任何参数设置。

12) 变频器模型 (SysFreqConv) 的设置

在现实工程中，数字信号处理由于受到电子器件带宽的限制，很难对高频 (如 18GHz) 微波信号进行处理。因此，对于这样的信号，就需要通过变频器将高频转换到低频，再送入数字信号处理器。而仿真中，为了能够反映实际工程中的问题，作者同样通过一个变频器模型将 2~18GHz 信号统一变换到中频，以匹配后端的数字信号处理。变频器核心参数包括噪声系数、增益、变频通道选择等。图 5.38 给出了变频器模型的参数设置界面，具体参数设置和说明见表 5.18。

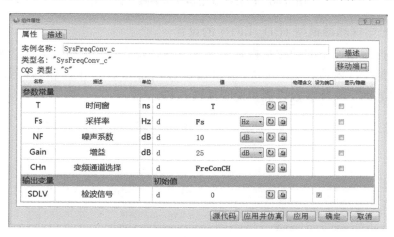

图 5.38　变频器模型参数设置界面

13) 信号处理模型 (Subsystem) 的设置

信号处理模型主要通过计算 6 路信号的相对相位差来完成雷达辐射源方向的测量，其算法如图 5.24 所示，这里不再赘述。该模型属于定制化模型，不需要进行任何参数的设置，所有参数可固化在模型内部，如仿真时间窗口和采样率等。

表 5.18 变频器模型参数设置

序号	参数名称	设置值	单位	说明
1	时间窗	100	ns	激光器信号持续的时间, 也是仿真设置的时间
2	采样率	100×10^9	Hz	仿真系统采样率, 应满足奈奎斯特采样定理
3	噪声系数	10	dB	变频器引入的噪声水平, 输出噪声比输入噪声
4	增益	25	dB	变频器引入的增益
5	变频通道选择	1	—	对于 2~18GHz 信号, 变频器会分为四个频段, 分别为: 1 对应 2~6GHz; 2 对应 6~10GHz; 3 对应 10~14GHz 和 4 对应 14~18GHz。由于本工程输入信号为 4GHz(见雷达信号模型参数设置), 那么此时应该设置为 1

至此, 微波光子干涉仪系统仿真工程构建完成。其中, 上述所有模型的参数配置应满足表 5.7 给出的约束范围。

3. 模型的仿真运行及结果输出

运行图 5.25 中的工程文件, 得到的输出结果如图 5.39 所示。测量角度平均值为 22.97°, RMSE 为 0.26, 实现了较为精确的方向测量。

序号	参数项	数值
1	测量角度平均值/(°)	22.97
2	RMSE	0.26

图 5.39 仿真参数及仿真结果输出

图 5.40 是用极坐标表示的测量结果, 可以直观地反映测量得到的角度所在的象限。

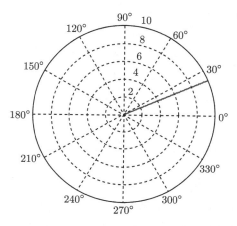

图 5.40 用极坐标表示的角度测量结果 (以入射角度为 23° 为例)

　　此外，模型中还能够针对微波光子链路存在随机延时误差的情况，对角度测量值的分布进行统计。例如，每次仿真的微波光子链路的延时误差在 1ps 以内随机取值，100 次仿真后得到的角度测量值分布情况如图 5.41 所示。可以看到，在存在多通道微波光子传输延时误差的情况下，在合理的延时误差范围内 (1ps 最大延时，对于 9GHz 信号的最大相位误差是 3.24°)，角度实测值的次数分布如表 5.19 所示。

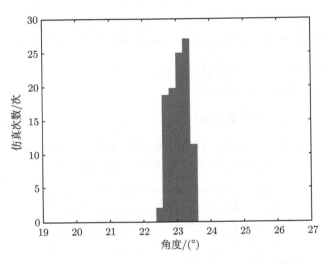

图 5.41　100 次仿真后，角度测量值的分布情况统计

表 5.19　100 次仿真的角度测量值分布情况

角度实测值范围/(°)	次数	百分比/%
< 22.3	0	0
22.3~22.5	2	2
22.5~22.7	18	18
22.7~22.9	19	19
22.9~23.1	24	24
23.1~23.3	26	26
23.3~23.5	11	11
> 23.5	0	0
合计	100	100

4. 光传输延时误差对测向性能的统计分析

　　从微波光子干涉仪的总体逻辑视图可以发现，相位是干涉仪测向误差的主要来源，包括微波前端相位一致性、光学前端相位一致性、信号处理误差以及光纤

传输的相位抖动等。这里以光纤传输为例，给出详细的误差分析。

众所周知，光纤受到环境变化，如应力、温度等影响时，会发生形变，进而引起延时量的变化，延时量的变化又将导致信号传输后的相位发生改变。这对于以相位差作为参数进行角度测量的干涉仪系统来讲是关键影响因素。因此，在本干涉仪系统模型中，引入了光传输延时误差参数 dt 和随机加权系数，再通过多次仿真可以分析测向结果的误差分布区间。

1) 光传输延时误差为 0 条件下的测向结果统计

设信号频率为 11GHz，入射角度为 23°，光传输延时误差为 0，仿真次数为 100 次，得到的结果如图 5.42 所示。

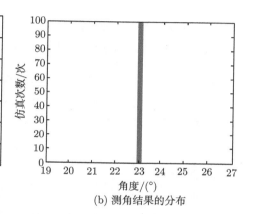

序号	参数项	数值
1	信号频率/GHz	11
2	入射角度/(°)	23
3	最大延时误差/ps	0
4	仿真次数/次	100
5	测量角度平均值/(°)	23.0145
6	RMSE	0.0145

(a) 测角平均值及均方根误差　　　　　　(b) 测角结果的分布

图 5.42　光传输延时误差最大值为 0ps 情况下，100 次随机误差仿真得到的结果分布

从图 5.42(a) 可以看到，在光传输延时误差为 0 的条件下，100 次测角的平均值与真实输入角度之间存在误差。这主要是由鉴相误差引起的。即使在不考虑噪声的情况下，受到离散化采样和量化的影响，鉴相结果与真实相位差之间会存在一定的误差，但是这个误差值是稳定的，从图 5.42(b) 中 100 次仿真结果全部集中在一起可以看出，该误差属于可校正的系统误差。

2) 光传输延时误差不为 0 时的测向结果统计及变化趋势

同样设信号频率为 11GHz，入射角度为 23°，光传输延时误差最大值设为 1ps(对于 11GHz 信号，1ps 延时对应的相位变化约为 3.96°)，每次仿真对 2 根干涉仪基线对应的 3 个传输通道引入 0~1 的随机延时误差加权值，即 3 个通道的延时误差随机在 0~1ps 变化。仿真次数为 100 次，得到的结果如图 5.43 所示。

从图 5.43 的结果可以看到，在光传输通道中引入了最大值为 1ps 的随机延时误差之后，100 次仿真得到的测角 RMSE 达到 0.2623；测角结果的最大误差范

围达到了 ±0.8°，但 (23±0.2)° 的区间仍然汇聚了最多的分布，共计 48 次。

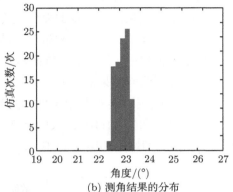

序号	参数项	数值
1	信号频率/GHz	11
2	入射角度/(°)	23
3	最大延时误差/ps	1
4	仿真次数/次	100
5	测量角度平均值/(°)	22.9689
6	RMSE	0.2623

(a) 测角平均值以及均方根误差　　　　　　　　(b) 测角结果的分布

图 5.43　光传输延时 100 次随机误差仿真 (误差最大值为 1ps) 得到的测角结果分布

为进一步验证光延时误差带来的影响，仿真了光传输延时误差最大值为 0.5ps (对应 11GHz 的相位差为 1.98°) 和 2ps(对应 11GHz 的相位差为 7.92°) 时的情况，结果如图 5.44 和图 5.45 所示。

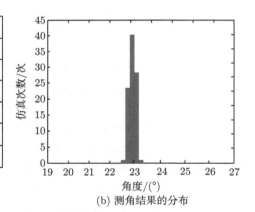

序号	参数项	数值
1	信号频率/GHz	11
2	入射角度/(°)	23
3	最大延时误差/ps	0.5
4	仿真次数/次	100
5	测量角度平均值/(°)	23.0083
6	RMSE	0.1556

(a) 测角平均值以及均方根误差　　　　　　　　(b) 测角结果的分布

图 5.44　光传输延时误差最大值为 0.5ps 的情况下，100 次随机误差仿真得到的结果分布

对上述仿真结果进行汇总，如表 5.20 所示。从汇总的结果来看，光延时误差对于测角结果的影响是符合预期的。随着光延时误差增大 (光延时随机波动的区间增大)，每根基线对应的相位差的波动区间也增大，最终导致测角结果的偏移范围和 RMSE 也增大。因此，对于采用了微波光子链路作为信号传输路径的干涉仪测向系统来讲，控制通道间的延时误差、尽量保证多通道延时一致性是提升测角精度的重要条件。

序号	参数项	数值
1	信号频率/GHz	11
2	入射角度/(°)	23
3	最大延时误差/ps	2
4	仿真次数/次	100
5	测量角度平均值/(°)	23.0247
6	RMSE	0.5641

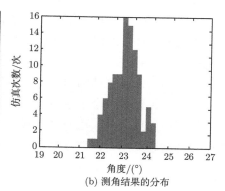

(a) 测角平均值以及均方根误差

(b) 测角结果的分布

图 5.45 光传输延时误差最大值为 2ps 的情况下, 100 次随机误差仿真得到的结果分布

表 5.20 不同延时误差值下的仿真结果统计

信号频率/GHz	入射角度/(°)	仿真次数	延时误差最大值/ps	测角平均值/(°)	RMSE	测角结果偏移范围/(°)
11	23	100	0	23.0145	0.0145	0
			0.5	23.0083	0.1556	±0.5
			1	22.9689	0.2623	±0.8
			2	23.0247	0.5641	±1.4

5. 微波光子干涉仪多学科优化

根据前面的分析, 围绕测向精度指标, 本书给出了微波光子干涉仪多学科优化的结构矩阵, 如图 5.46 所示, 包含微波学科、光学学科、数字学科、结构力学

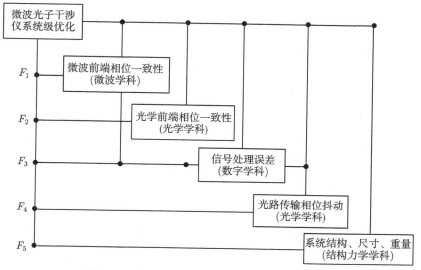

图 5.46 微波光子干涉仪多学科优化结构矩阵

学科等的协同与优化。在微波光子干涉仪分布式多目标协同优化中，以信号处理误差的优化为目标，通过对光学前端相位一致性、微波前端相位一致性、光路传输相位抖动等内容进行配平计算，得到相应的误差影响权重系数 $F_1 \sim F_4$，并且将相关误差曲线传递至结构力学中，指导设计系统的结构、尺寸和重量。图 5.46 展示了系统级优化和多个子学科级优化的衔接关系与约束矩阵。

　　根据上述约束关系，可将分布式多目标协同优化方法和微波光子干涉仪系统多学科设计问题相结合，建立采用分布式多目标协同优化方法的微波光子干涉仪设计优化框架，如图 5.47 所示。

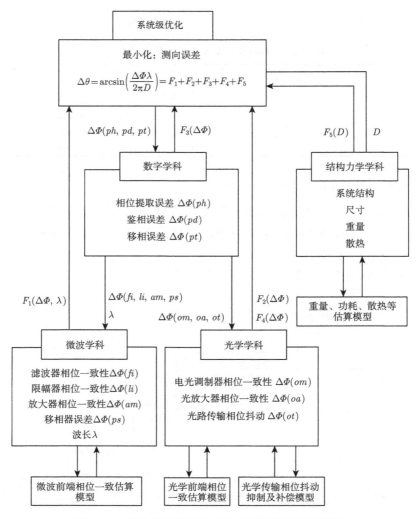

图 5.47　微波光子干涉仪总体多学科设计优化框架

(1) 系统级优化目标为微波光子干涉仪测向误差最小,其函数表达式如式 (5.6) 所示,测向误差角度与相位误差 $\Delta\Phi$、波长 λ 和阵元间距 D 紧密相关。为了实现多学科协同优化,本书将上述参量影响根据权重不同分配给不同的学科 $F_1 \sim F_5$。

$$\Delta\theta = \arcsin\left(\frac{\Delta\Phi\lambda}{2\pi D}\right) = F_1 + F_2 + F_3 + F_4 + F_5 \tag{5.6}$$

(2) 式 (5.6) 的参数传递到数字学科具体体现为相位提取的误差 $\Delta\Phi(ph)$、鉴相误差 $\Delta\Phi(pd)$ 和移相误差 $\Delta\Phi(pt)$ 等,并且通过鉴相后的误差来监控或者校正微波学科和光学学科所产生的相位误差。

(3) 式 (5.6) 的参数传递到微波学科具体体现为滤波器一致性 $\Delta\Phi(fi)$、限幅器一致性 $\Delta\Phi(li)$、放大器一致性 $\Delta\Phi(am)$、移相器误差 $\Delta\Phi(ps)$ 和波长 λ。通过这些参数可以建立微波前端相位一致性的估算模型来对整体指标进行优化。

(4) 式 (5.6) 的参数传递到光学学科具体体现为电光调制器相位一致性 $\Delta\Phi(om)$、光放大器相位一致性 $\Delta\Phi(oa)$ 和光路传输的相位抖动 $\Delta\Phi(ot)$。通过这些参数可以建立光学前端相位一致性的估算模型,以及光传输抖动抑制和补偿模型来对整体指标进行优化。

(5) 式 (5.6) 的参数传递到结构力学学科具体体现为各个部分样机的结构、尺寸、重量、功耗和散热。例如,天线的加工精度决定了阵元间距 D,从而直接影响测向精度;系统散热性能不好会导致热敏器件工作失常,也会影响系统测向性能。

因此,通过微波光子干涉仪总体多学科设计优化框架的约束和指导,能够实现该系统的多学科协同优化,进而提高系统性能和设计成功率。

5.4 本 章 小 结

本章详细阐述了微波光子多学科系统中的 RFLP 设计内涵与方法,并以微波光子干涉仪系统为例,分别从应用层、系统层和基础层等进行分析,构建了相应的 RFLP 设计模型和微波光子系统仿真模型,便于让读者对基于 RFLP 的微波光子多学科设计过程有一个更为形象的理解与认识;最后,本章基于分布式多目标协同优化方法阐述了微波光子干涉仪多学科设计的优化过程。

参 考 文 献

[1] Chen Z Y, Yan L S, Pan Y, et al. Use of polarization freedom beyond polarization-division multiplexing to support high-speed and spectral-efficient data transmission. Light: Science & Applications, 2017, 6: e16207.

[2]　Chen Z Y, Yan L S, Pan W, et al. SFDR enhancement in analog photonic links by simultaneous compensation for dispersion and nonlinearity. Optics Express, 2013, 21(17): 20999-21009.

[3]　Chen Z Y, Zhou T, Zhong X, et al. Stable downlinks for wideband radio frequencies in distributed noncooperative system. Journal of Lightwave Technology, 2018, 36(19): 4514-4518.

[4]　潘时龙, 张亚梅. 微波光子雷达及关键技术. 科技导报, 2017, 35(20): 36-52.

[5]　Olinde C, Michelson C, Ward C, et al. Integrated photonics for electromagnetic maneuver warfare. Proceeding of Avionics and Vehicle Fiber-Optics and Photonics Conference (AVFOP 2016), Long Beach, 2016.

[6]　Seeds A. Microwave photonics. IEEE Transactions on Microwave Theory and Techniques, 2002, 50(3): 877-887.

[7]　Capmany J, Novak D. Microwave photonics combines two worlds. Nature Photonics, 2007, 1(6): 319-330.

[8]　Zhou H L, Zhao Y H, Wang X, et al. Self-configuring and reconfigurable silicon photonic signal processor. ACS Photonics, 2020, 7(3): 792-799.

[9]　Liu W L, Li M, Guzzon R S, et al. A fully reconfigurable photonic integrated signal processor. Nature Photonics, 2016, 10(3): 190-195.

[10]　Yang L, Ji R Q, Zhang L, et al. On-chip CMOS-compatible optical signal processor. Optics Express, 2012, 20(12): 13560-13565.

[11]　Pérez D, Gasulla I, Crudgington L, et al. Multipurpose silicon photonics signal processor core. Nature Communications, 2017, 8(636): 1-9.

[12]　Huang C, Jha A, de Lima T F, et al. On-chip programmable nonlinear optical signal processor and its applications. IEEE Journal of Selected Topics in Quantum Electronics, 2021, 27(2): 1-11.

[13]　Zhang W F, Yao J P. Photonic integrated field-programmable disk array signal processor. Nature Communications, 2020, 11(406): 1-9.

[14]　Mohan R K, Harrington C, Sharpe T, et al. Broadband multi-emitter signal analysis and direction finding using a dual-port interferometric photonic spectrum analyzer based on spatial-spectral materials. IEEE International Topical Meeting on Microwave Photonics, Alexandria, 2014: 241-244.

[15]　Li P, Yan L S, Ye J, et al. Photonic approach for simultaneous measurements of Doppler-frequency-shift and angle-of-arrival of microwave signals. Optics Express, 2019, 27(6): 8709-8716.

[16]　Huang C, Chan E H W. Multichannel microwave photonic based direction finding system. Optics Express, 2020, 28(17): 25346-25357.

[17]　Tu Z, Xu Z, Wen A, et al. Angle-of-arrival estimation of a microwave signal based on optical interference and stimulated Brillouin scattering. Optical Engineering, 2020,

59(3): 036110.

[18] 刘庆刚, 张光生. 阵列天线仿真研究. 通信对抗, 2012, 31(2): 49-51.

[19] 华艳, 任洁心, 甄安然. 基于 HFSS 的多频段天线仿真与设计. 中国科技信息, 2016(12): 53-54, 56.

[20] 文源. 基于 HFSS 非均匀弯折天线仿真设计. 电脑知识与技术, 2017, 13(9): 232-233.

[21] 万建岗, 高玉良, 左治方. 基于 ADS 仿真的宽带低噪声放大器设计. 电讯技术, 2009, 49(4): 58-61.

[22] 阚能华, 习友宝, 王中航. 低噪声放大器的 ADS 仿真与设计. 电子测量技术, 2008, 31(8): 24-27.

[23] 陈烈强, 顾颖言. 利用 ADS 仿真设计射频宽带低噪声放大器. 微波学报, 2010(S1): 288-291.

第 6 章　微波光子多学科异构模型封装与高效仿真方法

随着电子、通信等诸多领域中系统复杂程度不断增大，所涉及的软件、硬件等系统高度交联与集成，当前许多工程系统通常都结合了异构且复杂的子系统。而每个子系统可能又由软件、电子及机械部分联合组成[1]，实现如此复杂的系统是一项挑战。对于微波光子系统，即便是最小的子系统也跨越了多个工程科学领域。在前述章节中，微波光子建模和仿真技术从器件、处理单元到系统等各个层次都体现出了多学科特性，例如，在微波和光学的建模仿真中，频域和时域都体现出跨尺度的特征，而这种多学科的特性带来了一些棘手的问题：一方面，不同模型和不同设计工具之间由于异构的特性无法直接集成，从而难以形成复杂系统的仿真能力；另一方面，即便可以集成，这种集成兼容性也不强，会导致一些不可预期的行为以及庞大的计算资源消耗。因此，利用多学科异构模型封装和高效计算技术来解决上述问题，在微波光子系统仿真分析中尤为重要。

本章首先针对微波光子系统的仿真设计，明确了异构模型的概念。基于异构模型的特征阐述了统一封装的方法，并给出典型的封装实例供读者参考。然后着重介绍微波光子跨域匹配和分布式并行仿真方法，通过实例向读者展示了该仿真方法对微波光子复杂系统仿真效率的显著提升。

6.1　微波光子异构模型与封装方法

6.1.1　异构模型的概念

以往整个工业制造领域普遍为单一工程领域提供专属设计工具，如数字电路、嵌入式软件、流体、结构、3D 设计等。但如今工业产品复杂度提升，要求计算机辅助工程 (computer aided engineering, CAE) 工具必须具备处理交叉学科的联合设计与仿真能力[2,3]。在汽车与航空航天领域，欧洲率先开展了基于功能模型接口 (functional mock-up interface, FMI) 标准的联合仿真技术探索，FMI 标准目前已经从最初的 1.0 版本升级到 3.0 版本。但在电子信息领域，其主要传递的时域波形区别于表征特定物理量的信号数据，且主流电子设计自动化 (electronic design automatic, EDA) 工具未提供 FMI 导入导出功能，使异构模型的协同仿真活动难以顺利开展。目前仅限于有实力的企业或国家级研究机构开发自有体系的软件集成环境，有针对性地解决各自的协同仿真设计问题。例如，法国 THALES 公司从 2013 年开始推进 MBSE 应用，已初步构建了一套协同设计平台，如图 6.1 所示。该平台将相控阵雷达作为顶层设计目标，通过自顶向下的分解，逐渐深入地开展系统级到器件电路级再到器件内部物理场级的仿真设计。而为了每一层级设计达到足够的准确性，由下一级进行精细建模再向上一级集成，实现自底向上的仿真验证。这套系统不仅需要集成多个仿真工具，还要实现各层级模型间的映射，以及数据传递。可见，开展从器件到系统的协同设计工程化解决方案，仍需要有明确的需求牵引，并以解决工程实际问题为导向，同时在软件系统的通用性与定制化之间做出平衡。

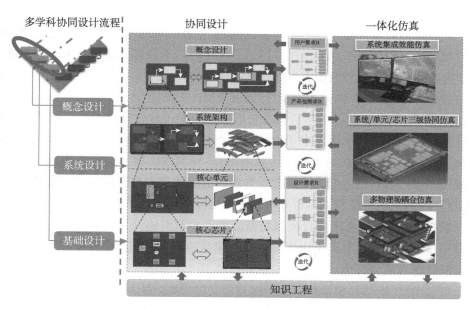

图 6.1　典型协同设计示意图

概括说来，针对面向微波光子系统的具有典型学科交叉特征的复杂系统仿真设计，解决思路主要有以下几种。

(1) 整合内部软件资源，实现多层次协同仿真。例如，将电路仿真工具、系统链路与算法仿真工具、电磁场仿真工具、射频 IC 仿真工具、器件建模工具等综合集成到一个软件环境，可实现系统-器件-芯片三级贯通的仿真设计。例如，Ansys 公司把旗下多款工具软件集成于一个软件框架 (workbench)，实现了热、应力、流体动力、电磁场等多物理场的协同仿真。产品一经推出，在工程界得到广泛认可，获得了大量用户。

(2) 基于现有 EDA 软件工具，实现多专业软件工具的集成。例如，德国科学计算法则研究所 (Institute for Scientific Computing and Algorithms, SCAI) 开发的 MpCCI[4]，提供了一个独立于应用的接口来耦合不同的仿真代码。MpCCI 是基于迭代耦合求解技术的一个软件平台，可以动态实时地交换两个或多个仿真代码在耦合区域的网格之间的数据。

(3) 产品设计管理平台向 EDA 工具软件管理方向发展，实现与部分应用软件的集成和协同工作。达索公司的 SIMULIA SLM，通过构建连接器与第三方或用户的其他应用软件协同工作。目前对 Abaqus、CATIA 和一些如 Nastran、HyperMesh、AcuSolve 和 STAR-CD 等的第三方软件都提供连接器。用户也可以简单地在其专业应用软件上配置连接器。

工具集成方案的缺点也相当明显，例如，当一个设计工具被用于它的原始应用领域之外，或者用于和其他工具的组合之中时，不兼容的语法、未充分理解的语义及不一致的人机界面都有可能使其不能有效使用 [5]。因此，针对工具集成解决方式的不足，欧洲 Modelica 协会提出 FMI、FMU(functional mock-up unit) 解决方案 [6]。FMI 对于多学科联合仿真有巨大的工程化应用贡献，但仍然存在软件间的协同问题。而面向电子信息行业，尤其在新兴的微波光子领域，各物理域间的信号级数据转换与匹配是协同的重点。FMI2.0 定义的模型端口与对数据的描述难以与现有微波或光子行业行为级模型的端口、数据进行准确映射，同时FMI2.0 也缺乏对链路仿真过程处理最多的矩阵类型数据的有效描述。

虽然 FMI 的方案不能直接满足微波光子多学科协同仿真的需求，但它提出了异构模型封装的思想并给出了对 FMU 模型的驱动框架，使基于异构模型进行系统链路仿真成为可能。

借鉴 FMI 对异构模型进行统一接口定义的思路，引入对微波信号、光子信号数据的描述，以及微波光子跨域数据匹配处理机制，本章提出了类似 FMI 解决方案来实现微波光子异构模型间系统级的仿真。将面向微波光子异构模型的差异性进行封装，使封装后的模型在行为描述、数据表达等方面具有微波光子领域内广泛认可的形态 (模型 = 算法 + 模型描述文件 + 数据，基本关系如图 6.2 所示)。最终基于统一模型在系统仿真层次上构建全链路数字样机。系统设计人员无须关心各领域模型的内部实现细节以及相关专业仿真工具如何使用，即可实现产品快速原型实验验证。

从图 6.2 中可以看出，不同角色的用户有着不同的模型视角。模型由建模工程师编制；系统建模工程师基于规范组合出其所需的业务场景，并进行仿真验证；模型封装与维护者通过模型封装规范约束建模工程师为系统建模者提供可进行协同仿真的模型，并提供模型库管理功能；决策者则关心由异构模型构成的链路整体功能及效能。

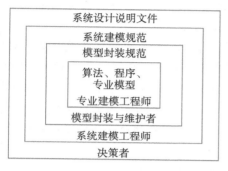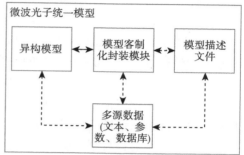

图 6.2 统一模型组成

6.1.2 微波光子模型的统一表征方法

典型的微波光子系统中包含信号源模型，组成射频前端的放大器、滤波器等，组成光子波束形成网络的激光器、电光调制器、波分复用、光延时、探测器等，射频变频链路，以及数字部分的处理算法模型等。从时频域上看，这些模型有的基于时域建模，包含采样率和时间窗口信息，有些则基于频域建模，包含扫描频率范围等，难以从求解器上进行统一，统一调度时必然需要驱动时域求解器和频域求解器。从模型的求解机制和准确性上看，有的模型基于理论公式建模即可达到所需精度，有些则需要基于实测数据进行建模，有些无法测试或测试较困难的需要基于有限元等物理场仿真结果进行二次建模，有些则只能通过接口驱动第三方仿真工具进行模型解算并完成数据提取，使统一调度时必然要针对不同模型的数据解析及驱动方式进行定制化编程。另外，对于整体仿真环境而言，不论是图形化建模阶段，还是链路仿真阶段，计算机程序应确保能够对这些异构模型进行识别，给设计师反馈全面的模型信息。

综上，微波光子模型需要建立一套统一的表征体系，作为异构模型本体到仿真链路之间的中间层，使仿真引擎只针对标准模型框架进行调度，减少定制化开发引入的各种弊端。同时也为设计师提供顶层统一建模语义，降低不同专业工程师沟通交流的成本。

具体地，统一模型是指模型在以下几方面具有相同的描述方法、数据结构、调度机制、接口规范。

(1) 模型的文件组织方式统一。包括模型描述文件、模型动态库文件、外部数据文件等，同时可明确模型的打包规则，如以相同后缀名存储的压缩包。

(2) 模型的外部接口描述统一。构建微波光子系统链路需要在各个模型间建立基于端口的数据流转通道，因此可将模型接口按照数据流向定义为以下三类：输入接口 (数据流进入模型的端口，在模型内部表现为从该端口读取数据缓存)、输出接口 (数据流流程模型的端口，在模型内部表现为向该端口写入数据)、参数接口 (对模型进行参数化配置的端口，一般在仿真运行前，通过人机交互界面对模型参数变量进行设置，在仿真运行时的每个解算节拍内不再进行数值变化)。同时，由于模型存在各自的物理属性，端口按照物理属性可分为电端口、光端口、数据端口等。不同领域的模型根据实际物理系统内各部分的相互关系通过装配、组合建立起与实物对应的系统链路虚拟样机。实际上，由于有些单专业模型在建模时很少或不会考虑系统对该模型的影响，因此这些模型并不一定总存在外部接口，例如，在主流射频链路仿真工具中建模均规定需要连接源和负载项。又如，三维有限元求解的天线电磁模型并不存在系统链路意义上的输入输出端口。为此需要在模型封装过程中客制化端口处理逻辑，并充分利用模型已有信息建立起封装模型，体现输入到输出映射关系的传递函数。

(3) 模型的调度接口描述统一。仿真引擎对模型进行调度，主要是在一次仿真循环中依次调用预先定义好的函数体，每个模型在建模时必须对声明的函数进行函数实现。按照仿真的不同阶段，可规定此类函数包括以下几种：创建函数、初始化函数、仿真执行函数、仿真结束函数、资源回收函数、销毁函数等。

(4) 模型描述文件结构统一。模型描述文件是模型和仿真软件间静态信息交互的主要手段。仿真软件通过后台解析各个模型的描述文件，获取模型属性信息以及接口信息，从而完成图形化模型库的显示工作，也为仿真链路运行前的合法性检查提供必要信息。以 xml 格式的描述文件为例，需要统一规定每个模型的属性字段、端口字段、外观字段、数据存储字段等。

(5) 模型数据流格式统一。针对微波光子链路仿真体系，数据基于节拍进行从源端到汇端的流转。需要分析级联后信号传递的质量，分析噪声对系统灵敏度的影响。因此对数据流格式进行统一规定，即每个模型的输入输出数据均应包含信号数据与噪声数据，且信号数据的大小基于模型的采样率和时间窗确定。

(6) 系统链路层次统一。实际应用中的微波光子链路通常是由基带、信道、天线、射频等多个功能单元组合而成的，各功能单元由多个器件组合而成，器件又由多个具备特定功能的电路组合而成，而各功能模块之间、各器件之间、各电路之间基于信息流进行交互，呈现层次化的结构关系，如图 6.3 所示。

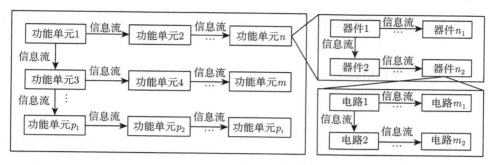

图 6.3 系统层次化结构图

为表征这种层次关系，封装后的统一模型可以分为原子模型 (atomic model) 和网络模型 (network model) 两大类，如图 6.4 所示。原子模型描述离散事件系统的自治行为 (autonomous action)，包括系统状态转换、外部输入时间响应和输出等。原子模型通过连接形成网络模型。网络模型包含多种成员，每个成员既可以是原子模型，也可以是网络模型。

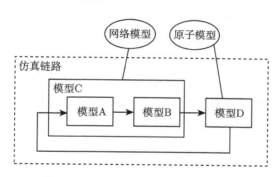

图 6.4 原子模型和网络模型示意图

(7) 统一模型的限制条件。

为了确保封装处理后的统一模型的有效性 (可运行)、正确性、可复用性 (可参数化配置)、容错性 (可移植)，对封装过程提出以下约束：

① 封装后的模型应确保能够运行 (计算)，且能够获取与原始模型一致的输出结果。

② 封装后的模型能够通过组合方法构建新的模型，新的模型仍能够良好运行并得到预期的结果，或可以在多个不同的仿真系统中运行并提供可信的系统响应。

③ 封装后的模型应保证可以移植到其他满足运行条件的物理主机上使用。

④ 封装后的模型应该是参数化模型，即用户通过改变模型参数可得到不同的模型行为。

⑤ 封装后的模型使用者能够获取足够的信息来了解模型的功能、使用条件等。

⑥ 封装后的模型应满足命名、注释、单位选择等封装过程规定的要求。

6.1.3　微波光子模型的统一描述与实现

1. 模型描述文件

传统意义上的模型等于算法加数据，而为微波光子链路级协同仿真建立的统一模型扩展了模型的概念，除算法和数据外，还要体现各种接口、属性和操作等内容。因此，考虑引入模型描述文件 [6] 来表征这类复杂系统模型。模型、数据和模型描述文件的分离，有利于模型的标准化封装，形成统一模型框架，便于模型的管理和模型的调度运行。

通过结构化文本文件对模型进行描述是一种通用做法。这种文件一般为明码，有很好的可读性，根据使用场景也可以选择利用加密技术进行保护。当前主流仿真工具对模型的结构化描述通常为 xml 或 json 文件。这两种文件的语法解析器较成熟，具有各种开源库供开发者选择。

模型描述文件包含所有模型对外暴露变量的数据结构描述，以及其他一些静态信息。仿真引擎通过解析此文件可在目标操作系统运行此文件对应的仿真模型；仿真工具软件的人机交互部分通过解析此模型描述文件生成图形化的模型图标，利用多个模型描述文件可以组合成系统链路拓扑描述文件 (一般为工程描述文件)。

模型的统一描述文件定义如图 6.5 所示。

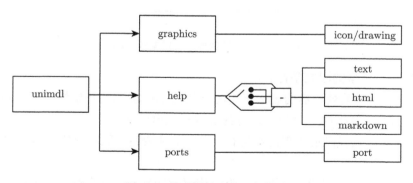

图 6.5　模型描述文件一般格式

标签 <unimdl> 为根元素。该元素包含的属性主要有 typename——定义模型的类型，displayname——定义模型的默认显示名称，sourcefile——定义源代码所在路径，devTool——定义模型依赖的开发环境。

标签 <graphics> 为一级子元素。该元素主要定义了在图形用户界面 (graphical user interface, GUI) 环境下所要显示的模型外观。根据外观的表现形式不同，可以直接使用 svg 等图片 (在 <icon> 元素下描述)，也可以通过线框等元素的位置、长度、角度等绘制而成 (在 <drawing> 元素下描述)。

标签 <help> 为一级子元素。该元素包含对该模型的使用说明，可以通过三种类型的文本对模型进行描述。

标签 <ports> 为一级子元素。该元素定义了模型外部端口的一部分外观。主要为端口唯一标识名称、相对模型主框图的位置 (以 x、y 轴坐标表示) 及端口的旋转角度 (以角度表示)。

2. 模型端口描述

微波光子协同设计仿真过程具有融合多专业、贯穿多层级的显著特点，需要解决仿真模型间数据格式不统一、调用方式不统一的问题。因此，通过对模型分类并制定接口数据传输格式，使数据组包传输时有一致的规则，解包时能够正确辨识其中的数据。通过规定并分类处理接口数据传输格式，实现全链路数据的有效传递。

针对微波光子全链路系统，统一模型主要实现了对射频模型电路端口的定义、对光子模型光路端口的定义，以及对通用数据端口的定义。概括地说，将一个射频模型的电路端口描述为一个包含信号、噪声、时频信息等的结构体；将一个光子模型的光路端口描述为包含时间序列、x 偏振态、y 偏振态的结构体；将一个通用的数据端口描述为一个可变长度的矩阵形式的数据块，具体描述如下。

(1) 电路端口，用于描述时域电信号传输特性[7]，主要包括信号支路和噪声支路。

图 6.6 和图 6.7 分别是模型电路端口的图形化示意图，以及该类模型内部传输的数据格式。对于电信号模型，数据格式为长度为 N 的二维实数矩阵。第一维度 (行) 存储含噪声的信号数据，第二维度存储噪声数据。该数据结构设计的目的是使微波模型能够独立进行噪声仿真，提高精确度。电路端口只能连接电路端口，如果要连接其他类型的端口，需要插入信号转换模块。

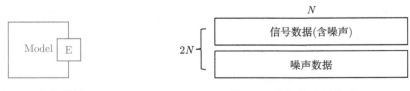

图 6.6　电信号端口　　　　　　　　图 6.7　电信号数据格式

(2) 光路端口，用于描述时域光信号传输特性。由于光学偏振态是光域中非常重要的调谐参量，涉及众多器件，如偏振控制器、起偏器、调制器等，因此对光路端口的描述中应考虑偏振因子。此外，波长、RIN 和噪声功率等参量在仿真中难以传递，也需要在端口描述中有所体现。

图 6.8 和图 6.9 分别是模型光路端口的图形化示意图，以及该类模型内部传输的数据格式。对于光信号模型，数据格式为具有偶数行的二维复数矩阵。矩阵奇数维度为 x 偏振态数据；矩阵偶数维度为 y 偏振态数据。同时，前 N 位为信号数据，第 $N+1\sim N+128$ 位存储模型的波长信息，这里预留 128 位，意味着该模型最高支持 128 个波长同时仿真；第 $N+129$ 位存储激光器 RIN；第 $N+130$ 位存储射频信号传递到光域的信号功率；第 $N+131$ 位存储光放大器传递到该模型的噪声功率；第 $N+132$ 位存储射频域传递到光域的噪声功率；第 $N+133\sim N+200$ 位可供设计师自定义。该数据结构设计的目的是使光学模型既能体现偏振效应，又能较好地实现射频域和光频域的噪声传递，提高模型精确度。光路端口只能连接光信号端口。

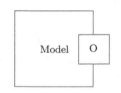

图 6.8　光信号端口

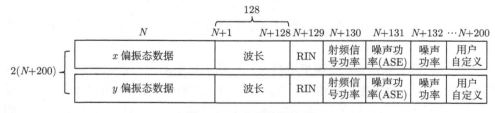

图 6.9　光信号数据格式

(3) 数据端口，描述模型输入输出的纯数据信息，无具体物理描述，可用于控制信号或代数计算结果等的传递。数据端口一般带有方向性，表示从一个数据生产者传递到一个数据消费者，图形化表示如图 6.10 所示，端口的数据格式如图 6.11 所示，为可变长度的一维实数或复数数组。

端口描述信息为模型使用者提供了端口配置参考与依据，具体端口可配置形式以光子模型和射频模型为例，列举如下。

(1) 射频模型端口的可配置信息，如表 6.1 所示。

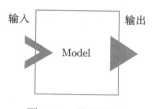

图 6.10 数据端口

图 6.11 数据信号格式

表 6.1 射频模型封装端口配置信息明细

端口类别	端口描述	端口数据	端口方向性描述
RF 信号输入端口	从本端口流入射频信号	描述信号特征的结构体，包括信号、噪声等	输入
RF 信号输出端口	从本端口流出射频信号	描述信号特征的结构体，包括信号、噪声等	输出
RF 信号双向端口	从本端口既可流入也可流出射频信号，但同一时刻仅为其中之一	描述信号特征的结构体，包括信号、噪声等	可以为输入，也可以为输出，根据信号流向自动变换
结果输出端口	信号经过模型计算后得到的结果数据	获得处理后的信息，如系统参数测量、ESA(electronic spectrum analyzer)等	输出
控制端口	控制信号流入或流出	一般为二进制形式的控制字	输入或输出,对应器件实际信号流向,一旦确定,不能动态变换

(2) 光子学模型端口的可配置信息说明，如表 6.2 所示。

表 6.2 光子学模型封装端口配置信息明细

端口类别	端口描述	端口数据	端口方向性描述
光信号输入端口	从本端口流入光信号时域波形	描述信号特征的结构体，包含不同偏振态、不同波长的信号幅值等	输入
射频信号输入端口	从本端口流入射频信号	描述信号特征的结构体，包括信号、噪声等	输入
光信号输出端口	从本端口流出光信号时域波形信号	描述信号特征的结构体，包含不同偏振态、不同波长的信号幅值等	输出
射频信号输出端口	从本端口流出射频信号	描述信号特征的结构体，包括信号、噪声等	输出
结果输出端口	信号经过模型计算后得到的结果数据	获得处理后的信息，如系统参数测量、OSA(optical spectrum analyzer) 等	输出

6.1.4 异构封装方法

一般地，模型的建模方法可以分为两类，分别是利用现有 EDA 工具的建模和利用实测数据的建模。但是利用上述两种方法所构建的模型在调用方式、输入输出接口关系、参数控制等维度上各不相同，无法直接互联互通，因此异构模型封装是实现多学科协同仿真的关键技术之一。

1. 基于现有 EDA 工具模型的异构封装方法

基于现有 EDA 工具进行建模的优势在于效率高，然而不同学科的 EDA 模型难以直接协同仿真，而客制化封装模块解决了学科软件与仿真引擎之间的接口适配问题。客制化封装模块和异构模型一起工作并受仿真引擎控制，客制化封装模块通过解析模型描述文件，获得模型行为信息，自适应地完成数据在统一模型框架下的接口与专用接口间 [如各工具软件的应用程序接口 (application programming interface, API)] 的转换。

为了解决 MATLAB、射频 EDA、电磁场等工具所建模型的多学科联合仿真问题，本书给出了一种一般性的异构模型封装方案，如图 6.12 所示。该方法由仿真引擎控制推进步长，客制化封装模块按照要求驱动模型执行计算任务。这种方法需要学科软件提供外部程序调用接口。当学科软件的解算内核可通过 COM 方式与第三方程序通信，或具有命令行运行能力，或提供动态链接库 dll 时，可使用此方法对模型进行封装。封装后的模型在链路仿真中进行模型间数据交互的过程发生在等步长间隔点上，在等步长间隔内推进各自的内部步长。如果两个模型间步长差距过大，通过在客制化封装模块中加入数据预测算法，拟合出各"小步长"上的输入数据，达到一定的补偿效果。

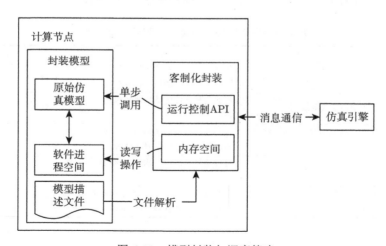

图 6.12　模型封装与调度策略

例如，在微波光子阵列系统射频前端模型的构建过程中，由于射频 EDA 工具软件中一般噪声系数的计算仅是对链路中各组件噪声系统的代数运算，其结果为整体噪声系数，因此利用射频仿真软件开发的模型进行封装难以实现时域仿真框架下对噪声系数的计算。必须结合射频仿真软件计算出的噪声以及时域信号处理软件构建的模型进行混合封装，结合二者的特点通过混合建模技术构建射频前端封装模型。

微波光子混合建模示意图如图 6.13 所示，当信号进入封装模型后，首先由信号提取子模型进行处理。该模型将输入的二维数组表征的信号降维，产生两个一维数组。将纯信号数据、纯噪声数据分别发送给商用射频建模工具建立的射频前端链路模型进行计算 [8]。为实现与射频电路建模仿真工具的协同仿真，封装模型需要将信号数据传递给射频电路软件对应的信号流数据读入接口，同时通过调度接口驱动射频电路求解器加载网表文件进行后台计算。

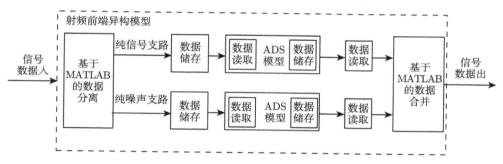

图 6.13　微波光子混合建模示意图

微波光子混合模型封装实现机制如图 6.14 所示。当射频电路求解器运行时，从"时序数据读"组件中获取信号流数据后，将数据传递到 S 参数仿真域构建的子链路进行计算，得到模型的整体增益和噪声系数。再从"时序数据写"组件提取输出信号流传给下一级模块。当信号和噪声均从求解器计算输出后，信号流进入数据合并子模块。该模块将两个输入的一维数组合并成一个二维数组，包含信号和噪声数据，保证模型封装时数据接口形式统一，完成微波前端的统一模型的信号流计算全过程。

2. 基于数据模型的异构封装方法

虽然通过异构模型封装得到了可在同一软件环境下运行的统一模型，解决了工具软件互联、模型数据互通等关键问题。但在实际仿真过程中，会受制于其他因素导致基于统一模型的联合仿真效果欠佳。例如，天线模型在基于有限元的电磁场仿真过程中资源消耗大，严重影响整体链路仿真效率。再如，射频器件模型与工艺参数强耦合，基于电路理论的射频器件模型的链路仿真结果与实际特性曲线相

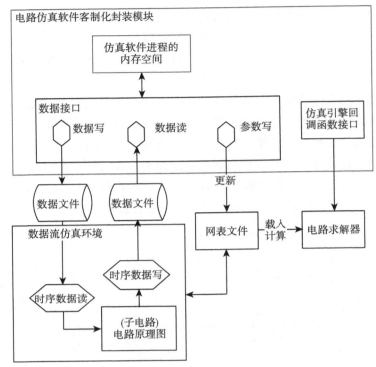

图 6.14   微波光子混合模型封装实现机制

差较大, 使仿真的指导意义大打折扣。工程的实际使用需求促进了一种基于实测数据或物理场仿真结果数据建模并封装为统一模型方法的发展。这种模型通过对数据进行训练变为输入和输出的映射函数, 不再对偏微分方程 (partial differential equation, PDE) 进行网格划分、迭代求解等操作, 在满足较高计算精度的前提下, 大幅加快求解速度。

通过对器件进行测试或采用三维电磁仿真工具计算获取建模所需的样本数据。得到样本数据后, 对样本数据进行处理, 包括不同格式数据读取、数据平滑 (去噪)、异常检测 (去异常值, 要求分类进行检测, 必要时可以附加正常值样本值进行标定) 等工作, 这是进行数据建模与封装的前提。

对于结构简单的数据模型可采用柯西多维插值函数方法[9,10]。这类模型的建立可归结为分式多项式中分子、分母系数的求解问题, 求解方法有递归法和求解线性规划两种。柯西插值函数法求解模型需要的样本量与分式多项式中的系数个数有关, 合理选择对建模对象性能影响较大的特征参量可将所需样本量控制在较少范围内, 降低建模复杂度。

给定 $n+1$ 个样本对, 柯西近似问题通过最小化函数表达式的值与给出的样本点的距离来描述输入输出关系。该函数通过两个多项式的比值来表示：

$$F = \frac{f_1(x_1,\cdots,x_n)}{f_2(x_1,\cdots,x_n)} = \frac{a_0 + \sum\limits_{i=1}^{n} a_i x_i + \sum\limits_{i=1}^{n}\sum\limits_{j\geqslant i}^{n} a_{ij} x_i x_j + \cdots}{b_0 + \sum\limits_{i=1}^{n} b_i x_i + \sum\limits_{i=1}^{n}\sum\limits_{j\geqslant i}^{n} b_{ij} x_i x_j + \cdots} \tag{6.1}$$

式中，n 为输入变量数目；$a = (a_0, a_1, \cdots, a_{nn})$；$b = (b_0, b_1, \cdots, b_{nn})$ 为待求的系数。

为了求出最优的柯西近似函数，利用给出的测试样本，通过最优化参数 a 及 b 来最小化测试样本值与函数近似值的误差，最终确定柯西近似函数作为模型的表达式。其思想可表达为

$$\min_{a,b} \max_i |f_{1i} - (F_i + \Delta F_i)\cdot f_{2i}| \tag{6.2}$$

式中，ΔF_i 为第 i 个样本对应的误差值。

当结构复杂、性能参数曲线波动较大时，多维柯西插值法建模的精度就会下降，要想达到精度要求，就必须大幅增加拟合阶数，从而导致求解难度大大增加，使建模效率降低。这种情况下，可采用神经网络法进行建模。

数据的封装模型构建流程示意图如图 6.15 所示，包括行为模型、数学模型和计算机模型的建模过程。

其建模过程分为以下几个步骤。

(1) 确定建模对象。强调原型的本质，摒弃原型中的次要因素。在微波光子宽带阵列系统

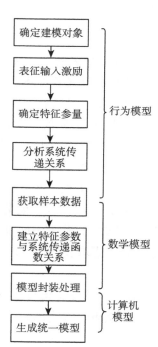

图 6.15 数据的封装模型构建流程示意图

中需要进行神经网络建模的对象主要为构成高集成射频前端的器件和芯片。

(2) 表征输入激励。行为级建模往往与输入激励密切相关，不同的激励，其响应特性往往不一样，并且输入激励的各个组成要素还可能相互影响。因此，需要仔细分析输入激励的各个组成要素，采用数学工具进行抽象建模。本书中输入激励特指与携带信息相关的信号流，包括有用信号、干扰信号、噪声等。

(3) 确定特征参量。特征参量是指表征在特定输入激励下，影响系统响应的参数信息，如物理结构参量 (器件结构、几何尺寸、材料等)、环境参量 (如温度、振

动强度、电源等)、电特性参量 (频率、控制信号等)。通常系统响应是系统特征参量的非线性函数，随着特征参量选取维度的增加，其复杂度呈指数级上升。因此，需要在仿真的全面性和模型复杂度之间进行仔细权衡，选取影响系统行为的关键特征参量。可以通过实验模拟 (design of experiments) 确定关键特征参量。

(4) 分析系统传递关系。用图表、符号、方程、函数等数学形式来描述系统激励、响应与特征参量之间的关系。定义系统传递关系为 T，其是系统内部各部分传递关系的集合，可表示为

$$T = \bigcup_{n=1}^{N} T_n \tag{6.3}$$

(5) 获取样本数据。从实测或近似样件特性仿真获取与特征参量、输入激励相关的系统传递关系的离散数据样本。建模所需样本数量受模型的非线性程度影响，同时容差范围越窄，所需的阶数越低，各维度样本点数也越少。这是因为，在给定容差范围 $[a, b]$ 内，各维度参数需要的最少样本点数 M 与模型的输入输出非线性阶数 N 相关。例如，模型为 1 阶线性模型 (直线)，则各维度参数最少需要 2 个样本点，含边界点 $[a, b]$；模型为 2 阶非线性模型 (抛物线)，则各维度参数最少需要 3 个样本点，含边界点 $[a, b]$；依次类推，各维最少的样本点数 M 等于模型的阶数 $N+1$。工程上模型的非线性阶数则采用迭代验证的方式进行评估，由于"非线性阶数"仅作为中间过程的概念，最终关心的是所建模型的精度，因此一般可通过样本点增长迭代验证的方式进行估计，最终得到精度满足要求的建模数据和模型。

(6) 建立特征参量与系统传递函数关系。一旦获得了样本数据，就需要考虑用怎样的模型表达方式才能展现仿真中的最好特性。模型生成的过程，首先是找到一种既准确又经济的表达数据的方法，然后确定能反映仿真系统特性的数学表达式。模型生成或表示离散样本数据的一种明显方法是直接运用数据本身。这种理论上可行的方法却很不现实，原因在于样本数据集太大，同时如果在样本数据集之内，仿真所需的数据点不存在，就需要进行多维的数据内插，会导致仿真效率低下。因此，对样本数据的直接运用并不能产生实际有用的模型。一种更有效的方法是多变量非线性函数逼近和数据拟合，实现输入变量 (特征参量) 与输出变量 (数据) 之间通用的、参数化的非线性函数关系。

(7) 模型封装处理。对数学模型进行一定的算法处理，使其在变成合适的形式之后，能在计算机上进行数字仿真，成为"可计算模型"。

(8) 生成统一模型。为了与仿真引擎适配，通过封装转换实现统一模型的生成。

6.1.5 异构模型封装实例

1. 电光调制器模型封装实例

光学类器件在链路中主要通过数据流方式进行驱动，因此可以将光学类器件的行为级模型抽象为一类传递函数，实现输入信号经模型内部算法处理后得到输出信号的过程。

对光学类器件进行封装就是要将不同器件的建模算法和数据流驱动引擎进行解耦，和模型的具体配置参数解耦，使模型可复用、可扩展。光学类模型封装框架示意图如图 6.16 所示。

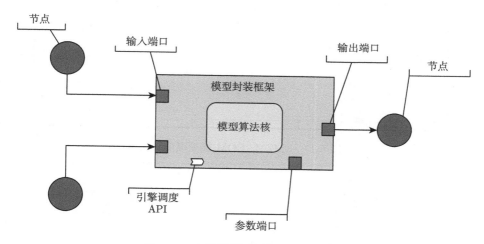

图 6.16　光学类模型封装框架示意图

区别于射频器件的封装，光学器件模型通过输入端口来解析接收到的模拟光信号，通过输出端口将光信号发送到下一级模型，通过参数端口配置算法的边界。为了具有一定的通用性，将模型的封装分为固定部分和可变动部分。可变动部分要求模型的端口数量可配置，端口可解析的数据类型可配置，同时模型算法可编辑。固定部分要求整体模型代码被引擎调度的接口保持一致，模型类型的声明方式保持一致。

下面以光电调制器 (SMZM_EOM) 模型为例，演示其封装过程。借助模型封装向导工具可提高模型封装效率，首先对模型的端口进行配置，如图 6.17 所示。

配置完端口数量和端口类型后，将对每个端口传输的具体数据类型进行设置，如图 6.18 所示。

当端口配置完成后，根据端口配置信息以及模型信息动态生成模型调用框架和模型描述文件。模型文件相关信息如下：

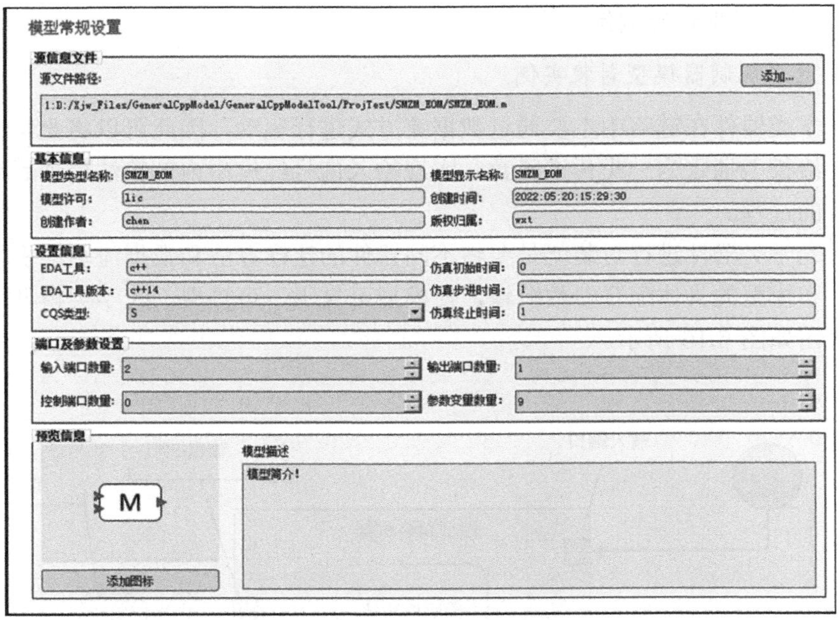

图 6.17 SMZM_EOM 模型端口配置

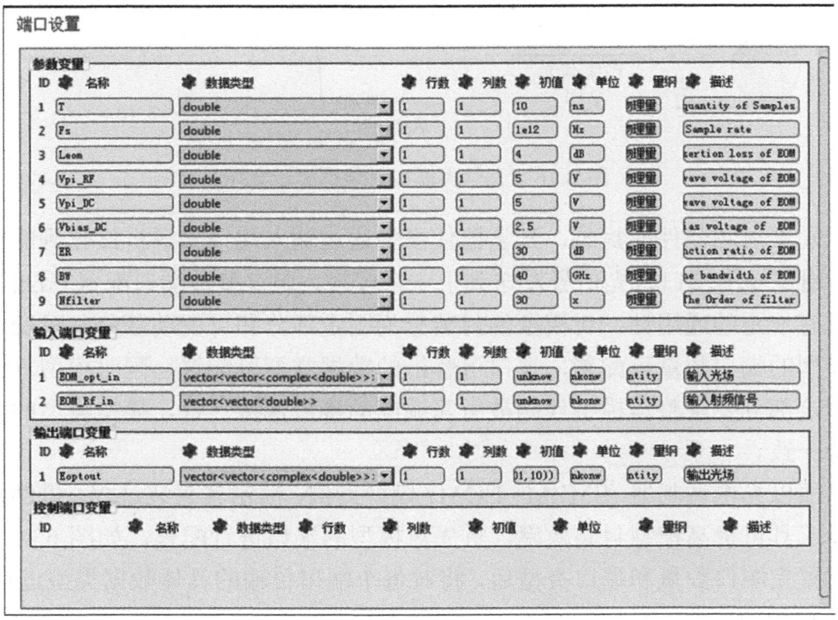

图 6.18 SMZM_EOM 模型端口数据类型配置

```
**************************************************************************
<objectappearance version="0.3">
<modelobject sourcecode="SMZM_EOM_c.hpp" typename=
  "SMZM_EOM_c" displayname="SMZM_EOM_c" >
    <icons>
      <icon type="user" scale="1" iconrotation="OFF" path="SMZM_EOM_c.svg"/>
    </icons>
    <ports>
      <port y="0.3" a="180" x="0" name="EOM_opt_in" />
      <port y="0.7" a="180" x="0" name="EOM_Rf_in" />
      <port y="0.5" a="0" x="1" name="Eoptout" />
    </ports>
</modelobject>
</objectappearance>
```

在框架代码中定义了各个仿真引擎调用接口函数[11]。模型算法代码主要在 simulateOneTimestep() 函数中实现。如下是该接口中主要算法的实现。

```
**************************************************************************
void simulateOneTimestep()
{
    int numlamda, dat_len;
    bool res = getOpticalDataStreamSize(vOptIn, numlamda, dat_len);
    double IL = pow(10.0, -pa_Leom / 20); //光插损:
    ......
    // 计算输入信号的射频功率以及噪声
    double Noise_RFPower = (1/(double)NT) * sum(vecNoiseTot %
      conj(vecNoiseTot))/50;                    //噪声功率
    ......
    // 输出光信号
    arma::cx_mat Optout(numlamda * 2, dat_len);
    // 每个波长通道单独处理
    for (int i = 0; i < numlamda; i++)
    {
        double pow_ER = pow(10.0, -pa_ER / 20);
        ......
        arma::cx_vec outx = IL* optIn_X_row % fatorVec;     //X偏振态
        arma::cx_vec outy = IL * optIn_Y_row % fatorVec;    //Y偏振态
            // 输出数据包
```

```
        (*vOptout)[i].assign(opt_out_rx.begin(), opt_out_rx.end());
        (*vOptout)[i + 1].assign(opt_out_ry.begin(), opt_out_ry.end());
    }
}
```

****

　　算法编辑完成后，即可启动模型编译，包括编译 (cl) 和链接 (link)。如果没有异常，则会生成 dll 文件。完整封装过程及原理如图 6.19 所示。

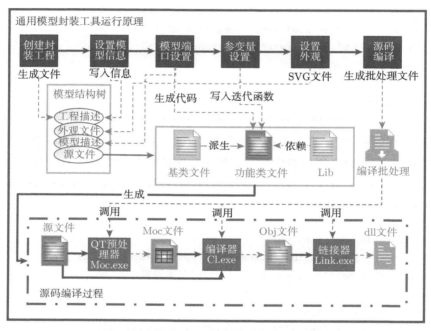

图 6.19　SMZM_EOM 模型编译运行原理

　　编译成功后，仿真软件加载此动态库以及模型描述文件，将动态更新模型库列表。从模型列表中将 SMZM_EOM 模型拖拽到原理图编辑区，可视化块图如图 6.20 所示。其输入输出端口与我们封装时设置的端口数及端口类型保持一致。深色端口为光信号端口，浅色端口为射频信号端口。

SMZM_EOM_c

图 6.20　SMZM_EOM 模型可视化块图

鼠标双击该图形,弹出模型配置对话框,可显示模型的可配置参数,如图 6.21 所示。

图 6.21 SMZM_EOM 模型属性设置对话框

2. 射频器件 S 参数模型封装实例

在微波射频电路分析领域,网络模型是一种重要的器件建模方法,其利用一组网络参数来描述微波元件的主要传输特性。网络模型可以大量减少无源、有源器件的数目,回避电路的复杂性和非线性效应,简化网络输入、输出特性的关系,对于分析电路整体功能而不研究电路中单个器件特性的工程师具有重要意义。网络模型的一个重要优点是不必了解系统内部的结构即可通过实验确定网络的输入、输出参数,这种"黑箱模型"对于射频和微波电路特别重要。常用的网络参数有表征网络端口电流、电压特性的 Z 参数、Y 参数、h 参数、A 参数,以及表征网络端口入射电压波和反射电压波的 S 参数、T 参数,各种网络参数之间可以相互转换。

在绝大多数涉及射频系统的技术资料和数据手册中,S 参数是一种重要的参数,比其他网络参数应用更加广泛。其主要原因在于,对于实际的射频系统,测量其他网络参数所需的开路或短路条件都不再严格成立。而如果采用 S 参数,即可在避开不现实的终端条件及避免造成待测器件损坏的前提下,利用网络分析方法确定几乎所有射频器件的特征。综合相位信息、S 参数就可以描述任何线性网络。

S 参数表示某一端口的反射电压波，以及传输到其他端口的发射电压波相对于入射电压波的特征，如图 6.22 所示为双端口网络 S 参数示意图。

图 6.22　双端口网络 S 参数示意图

在图 6.22 中，a_1 和 a_2 为归一化入射电压波，b_1 和 b_2 为归一化反射电压波，它们可由端口的电压 V_n 和电流 I_n 及连接端口的传输线的特性阻抗 Z_0 来确定，其定义如下：

$$\begin{cases} a_n = \dfrac{1}{2\sqrt{Z_0}}(V_n + Z_0 I_n) \\ b_n = \dfrac{1}{2\sqrt{Z_0}}(V_n - Z_0 I_n) \end{cases} \quad (n = 1, 2) \tag{6.4}$$

而归一化入射电压波和归一化反射电压波之间的映射关系可由 S 参数矩阵给出，S 参数定义如下：

$$\begin{bmatrix} b_1 \\ b_2 \end{bmatrix} = \begin{bmatrix} S_{11} & S_{12} \\ S_{21} & S_{22} \end{bmatrix} \begin{bmatrix} a_1 \\ a_2 \end{bmatrix} \tag{6.5}$$

常见的微波传输特性参数可通过网络 S 参数来确定，如电压驻波系数 (voltage standing wave ratio, VSWR)：

$$\mathrm{VSWR} = \frac{1 + |S_{11}|}{1 - |S_{11}|} \tag{6.6}$$

当输出端口匹配时，输入端口的反射系数 (Γ_{in})：

$$\Gamma_{\mathrm{in}} = \left. \frac{b_1}{a_1} \right|_{a_2=0} = S_{11} \tag{6.7}$$

以 dB 为单位的反射损耗：

$$\mathrm{RL[dB]} = -20\log[S_{11}] \tag{6.8}$$

网络的正向电压增益为 S_{21}，或以 dB 为单位的插入损耗 (IL)：

$$\mathrm{IL[dB]} = -20\log[S_{21}] \tag{6.9}$$

在进行微波/射频电路的分析时，首先就是要确定各线性、无源器件的 S 参数。S 参数往往采用实验测试的方法来确定，最常用的方法之一是采用矢量网络分析仪，它是一种可以测量电压幅度和相位的仪器，可以直接产生待测件在不同频点下的 S 参数幅度和相位值，并导出 snp 测试文件。

在射频电路仿真分析程序中，可以直接使用这种基于 snp 文件的 S 参数模型，通过查表法和内置的内插、外推算法来确定所需频点的 S 参数。然而这种方法的缺陷是，随着数据量的增加，内存资源的开销将随之增加，而数据查找的效率将随之降低，这些变化甚至会影响整个程序的正常运行。此外，S 参数还受到温度、输入功率、状态控制等多种维度变量的影响，这意味着一个元器件的 S 参数模型将包括多个不同工作状态下的 snp 文件，而这又将加剧对内存资源占用和查找效率的影响。

为解决直接查找 snp 文件效率低下的问题，可对 snp 文件中的数据进行训练和拟合，得到各输入变量与 S 参数之间的映射关系，再经过如图 6.13 所述的异构模型封装过程，得到 S 参数的封装模型。封装好的 S 参数模型就能够嵌入射频电路仿真分析程序中参与仿真计算。此时的 S 参数模型为解析形式的函数表达式，因此将极大地提高模型计算的效率，却几乎不会产生额外的内存资源占用。

在众多数据拟合和函数逼近的算法当中，人工神经网络 (artificial neural network，ANN) 算法是一种非常重要的方法。ANN 是基于模仿大脑神经网络结构和功能而建立的一种信息处理系统。它是由大量简单元件相互连接而成的网络，具有高度的非线性，是一种能够实现复杂非线性关系的系统。ANN 的优势是具有高度的并行性，高度的非线性全局作用，良好的容错性，联想记忆功能，以及较强的自适应、自学习能力 [12]。

反向传播 (back-propagation，BP) 神经网络是目前应用非常广泛的一种神经网络模型 [13]。反向传播神经网络算法由信息的正向传递和误差的反向传播两部分组成。在信息正向传递过程中，输入信息从输入经隐含层逐层计算传向输出层，每一层神经元的状态只影响下一层神经元的状态；如果在输出层没有得到期望的输出，则计算输出层的误差，然后转向反向传播，通过网络将误差信号沿原来的连接通路反传回来修改各层神经元的权值直至达到期望目标。理论上已经证明，三层 BP 神经网络只要隐含层节点数足够多，就具有模拟任意复杂的非线性映射的能力 [13]，如图 6.23 所示为三层 BP 神经网络结构示意图。

构建含隐含层的 BP 神经网络来训练 snp 文件中的数据，输入为影响 S 参数的频率、温度、输入功率及状态控制等变量，输出为 S 参数的幅度值和相位值。经过调节神经网络参数和迭代训练，便可得到满足期望误差的一组权值，如图 6.24

所示为某低通滤波器基于 BP 神经网络模型的 S 参数预测结果。

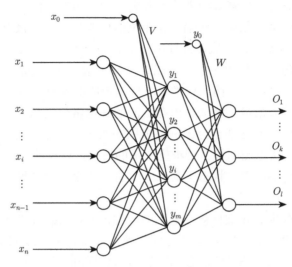

图 6.23　三层 BP 神经网络结构示意图

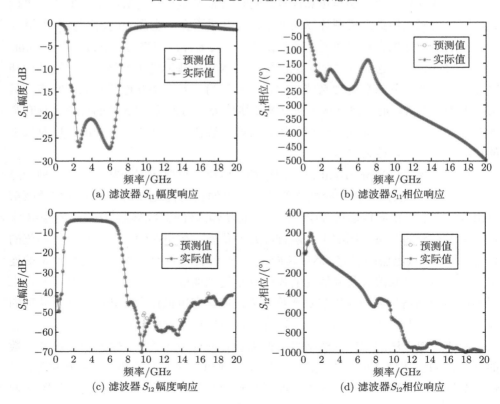

(a) 滤波器 S_{11} 幅度响应　　　　　　　　(b) 滤波器 S_{11} 相位响应

(c) 滤波器 S_{12} 幅度响应　　　　　　　　(d) 滤波器 S_{12} 相位响应

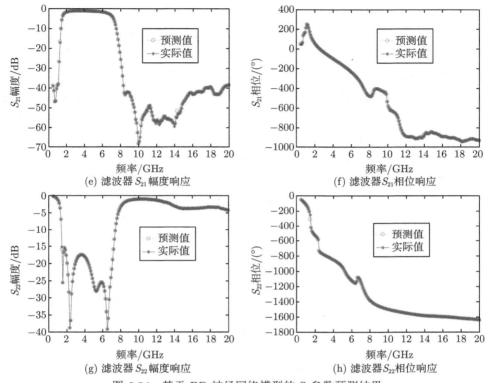

(e) 滤波器 S_{21} 幅度响应   (f) 滤波器 S_{21} 相位响应

(g) 滤波器 S_{22} 幅度响应   (h) 滤波器 S_{22} 相位响应

图 6.24 基于 BP 神经网络模型的 S 参数预测结果

从图 6.24 可以看出，BP 神经网络模型的预测结果与实际的 S 参数值吻合度非常高，因此利用 BP 神经网络模型来代替基于 snp 文件的模型，可以解决计算效率随数据量增加而降低的问题。值得注意的是，未经过反折叠处理时，相位值曲线上存在多个突变，并不是平滑的曲线。经过反折叠处理，实际的相位值被映射到了 [$-180°$, $180°$]，对相位值进行反折叠处理，可以使曲线更加平滑，有利于提高神经网络的训练精度。

射频器件 S 参数模型的封装过程总结来说，首先通过实验测试的手段获得元器件的 snp 文件；然后利用 BP 神经网络模型对 snp 文件中的数据进行训练和学习，得到 S 参数模型输入输出之间的函数关系；接着对得到的函数式进行异构模型封装，从而使得 S 参数模型可以嵌入射频电路仿真分析程序中参与仿真计算，最后通过计算结果与实测结果作对比，对模型进行修正和优化。

3. 阵列天线模型封装实例

对典型电磁场仿真工具中相控阵天线模型的封装旨在准确仿真天线的 S 参数、谐振频率、增益方向图等指标参数[14]，定义模型的外部输入输出关系，在系统链路仿真时实现相控阵天线模型在链路中的级联，评估封装模型的参数调整对链路整体特性的影响 [8]，避免在系统链路仿真中实时调用阵列的有限元仿真求解器进行计算，保证系统仿真整体效率。

　　在进行微波光子宽带阵列系统链路仿真时，对相控阵天线的仿真是一大难点。基于 HFSS 进行阵列天线设计时，为了提高仿真效率，一般先进行单元天线的建模与仿真，再利用理论公式计算粗略评估整个阵列的性能指标。但即使是仿真单元天线所需的计算时间 (2~3h) 仍难以满足快速迭代的需要。必须在明确阵列天线在链路中的外部接口后，建立基于仿真结果数据的阵列天线封装模型。

　　1) 相控阵天线的波束控制 [15]

　　由 N 个单元构成的线性阵列的相控阵如图 6.25 所示，沿 y 轴按等间距方式排列，单元间距为 d。

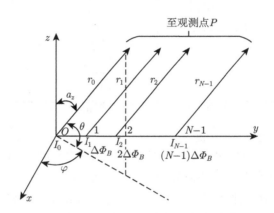

图 6.25　N 单元线性阵列示意图 [15]

　　在图 6.25 的阵列中，第 i 个天线在远场区的电场强度 E_i 为 [15]

$$E_i = K_i I_i f_i(\theta, \varphi) \frac{\mathrm{e}^{-\mathrm{j}\frac{2\pi}{\lambda} r_i}}{r_i} \tag{6.10}$$

式中，K_i 为单元常数；I_i 为第 i 个天线单元的激励电流，$I_i = a_i \mathrm{e}^{-\mathrm{j}i\Delta\Phi_B}$，其中 a_i 为幅度加权，Φ_B 为等间距线阵中的相邻单元之间的馈电相位差；$f_i(\theta, \varphi)$ 为单元天线的方向图；r_i 为第 i 单元至目标位置的距离。

　　则整个阵列的总场强 E 为

$$E = \sum_{i=0}^{N-1} K_i I_i f_i(\theta, \varphi) \frac{\mathrm{e}^{-\mathrm{j}\frac{2\pi}{\lambda} r_i}}{r_i} \tag{6.11}$$

　　设各单元常数 K_i 一致，单元天线的方向图 $f_i(\theta, \varphi)$ 相同，则总场强 E 为

$$E = Kf(\theta,\varphi) \sum_{i=0}^{N-1} a_i \mathrm{e}^{-\mathrm{j}i\Delta\Phi_B} \frac{\mathrm{e}^{-\mathrm{j}\frac{2\pi}{\lambda}r_i}}{r_i} \tag{6.12}$$

式中，$r_i = r_0 - id\cos a_y$，$\cos a_y = \cos\theta\sin\varphi$。

总场强 E 变为

$$E = f(\theta,\varphi) \sum_{i=0}^{N-1} a_i \mathrm{e}^{\mathrm{j}(\frac{2\pi}{\lambda}id\cos\theta\sin\varphi - i\Delta\Phi_B)} \tag{6.13}$$

将线性阵列置于如图 6.26 所示的平面内，设 θ 为目标方向，θ_B 为波束最大值指向方向，单元间距为 d，则各单元之间的信号距离差为 $2\pi d\sin(\theta_B/\lambda)$。

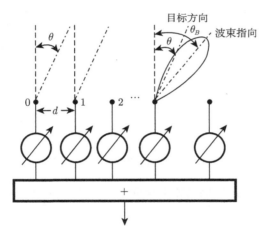

图 6.26　线性阵列示意图

假设各单元的 $f_i(\theta,\varphi)$ 为全向性，在线阵天线波束扫描范围内，线性天线方向图函数 $F(\theta)$ 为

$$F(\theta) = \sum_{i=0}^{N-1} a_i \mathrm{e}^{\mathrm{j}i(\frac{2\pi}{\lambda}d\cos\theta\sin\varphi - \Delta\Phi_B)} \tag{6.14}$$

式中，$\Delta\Phi_B = 2\pi d\sin(\theta_B/\lambda)$，$\theta_B$ 为天线波束最大值的指向。

对于如图 6.27 所示的平面相控阵，天线单元按等间距排列。阵列在 zOy 平面上，共有 $M \times N$ 个天线的单元，单元间距分别为 d_2 与 d_1，设目标所在方向以余弦表示，为 $(\cos a_x, \cos a_y, \cos a_z)$，相邻单元之间相位差沿 y 轴 (水平) 和 z 轴 (垂直) 方向分别为

$$\Delta\Phi_1 = \frac{2\pi}{\lambda}d_1\cos a_y \tag{6.15}$$

$$\Delta\Phi_2 = \frac{2\pi}{\lambda}d_2\cos a_z \tag{6.16}$$

第 (i,k) 个单元与第 $(0,0)$ 参考单元之间的"空间相位差"为

$$\Delta\Phi_{ik} = i\Delta\Phi_1 + k\Delta\Phi_2 \tag{6.17}$$

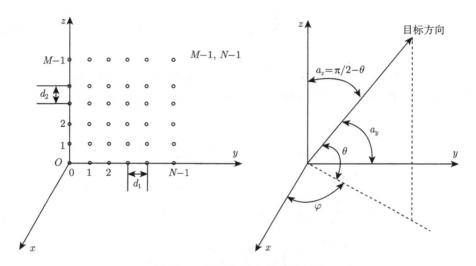

图 6.27　平面相控阵排布示意图

若天线阵内由相移器提供的相邻单元之间的"阵内相位差"沿 y 轴和 z 轴分别为

$$\Delta\Phi_{B\alpha} = \frac{2\pi}{\lambda}d_1\cos a_{y_0} \tag{6.18}$$

$$\Delta\Phi_{B\beta} = \frac{2\pi}{\lambda}d_2\cos a_{z_0} \tag{6.19}$$

式中，$\cos a_{y_0}$、$\cos a_{z_0}$ 为最大指向的方向余弦。

第 (i,k) 个单元与第 $(0,0)$ 参考单元之间的"阵内相位差"为

$$\Delta\Phi_{Bik} = i\Delta\Phi_{B\alpha} + k\Delta\Phi_{B\beta} \tag{6.20}$$

设第 (i,k) 个单元的幅度加权系数为 a_{ik}，平面相控阵天线的方向图函数 $F(\cos a_y, \cos a_z)$ 在忽略单元方向图的条件下，表示为

$$
F(\cos a_y, \cos a_z)
$$

$$
= \sum_{i=0}^{N-1}\sum_{k=0}^{M-1} a_{ik}\exp[\mathrm{j}(\Delta\Phi_{ik} - \Delta\Phi_{Bik})]
$$

$$= \sum_{i=0}^{N-1} \sum_{k=0}^{M-1} a_{ik} \exp \left\{ \mathrm{j} \left[i \frac{2\pi}{\lambda} d_1 (\cos a_y - \cos a_{y_0}) - k \frac{2\pi}{\lambda} d_2 (\cos a_z - \cos a_{z_0}) \right] \right\} \tag{6.21}$$

若 $\cos a_z = \sin \theta$，$\cos a_y = \cos \theta \sin \varphi$，则式 (6.21) 变为

$$F(\theta, \varphi)$$

$$= \sum_{i=0}^{N-1} \sum_{k=0}^{M-1} a_{ik} \exp \left\{ \mathrm{j} \left[i \frac{2\pi}{\lambda} d_1 (\cos \theta \sin \varphi - \cos a_{y_0}) - k \frac{2\pi}{\lambda} d_2 (\sin \theta - \cos a_{z_0}) \right] \right\} \tag{6.22}$$

因此，改变相邻天线单元之间的相位差，即 $\Delta \Phi_{B\alpha}$ 和 $\Delta \Phi_{B\beta}$，可实现天线波束的相控扫描。

2) 相控阵天线模型的封装方法

通过编写脚本可以对电磁场仿真进行自动化的外部控制，计算出各个频点相对准确的方向图，通过模型打包过程配置模型的输入输出关系，最终可以生成阵列天线的封装模型。阵列天线的封装模型主要的外部输入控制参数包括接收频率 f、方向角 (θ, φ) 等，在模型计算时对封装好的仿真数据表进行筛选，查找对应的波束方向图，实现对天线增益的计算输出。

以接收天线为例，接收天线作为微波光子宽带侦察系统链路信号流的入口，接收到空间传来的电磁波，经过各个单元的幅度相位控制可指向特定方位。在仿真链路中，将相控阵模型抽象为如图 6.28(a) 所示的接收天线模型，模型的输入除了空间信号，还需设置对应频率和控制方位的控制参数，经过模型等效天线单元增益计算和内部移相 (延时) 处理，得到 N 个单元的输出信号，传递至系统链路中的下级模型——射频前端子系统。

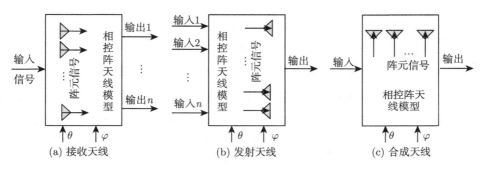

图 6.28 阵列天线抽象模型

发射天线为接收天线工作的逆过程，抽象为仿真模型如图 6.28(b) 所示，其

N 个单元的输入信号经过配相、设置对应频率和控制方位，合成指定方向的波束，并通过一路输出端口进行合成信号的输出。

在某些系统链路中，对单输入单输出的相控阵模型的封装也是必要的。将整个天线阵列封装成一个整体天线，如图 6.28(c) 所示。模型内部计算阵列的整体增益，实现控制合成波束方向的阵列天线模型。

在系统链路中，相控阵天线封装模型示意图如图 6.29 所示，空间目标信号从远端传送至阵列端口，模型接收频率 (f)、方向角 (θ, φ) 三个参数作为控制信号，经过计算得出各个端口的相位差 $(\Delta \Phi)$ 或延时，进而能够控制相控阵的波束方向，实现相控阵的方位扫描。

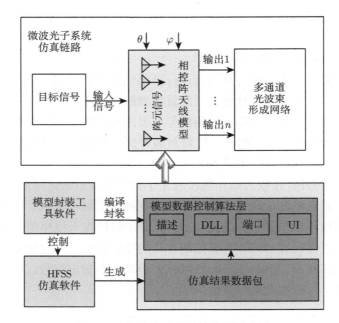

图 6.29　相控阵天线封装模型示意图

DLL: dynamic link library, 动态链接库；UI: user interface, 用户界面

相控阵天线模型内部工作原理如图 6.30 所示。时域信号与方位角 θ_0、俯仰角 φ_0 一起作为相控阵天线封装模型的输入数据，送入模型。输入信号由傅里叶变换计算频率值 F_0，经过电磁场仿真工具生成数据，获得对应方向的增益方向图数据后，输入信号 S_{in} 乘以增益得到合成信号，即 $S_c = S_{\mathrm{in}} \times G_{\mathrm{PA}}$。

天线模型内部的电磁场仿真数据按空域范围离散成空间中的各个方位点，即 $[(\theta_1, \varphi_1)\, (\theta_2, \varphi_2)\, (\theta_1, \varphi_2)\, \cdots\, (\theta_m, \varphi_n)]$，频率扫描范围同样按一定精度离散成频点序列，即 $(F_1, F_2, \cdots, F_k)$，使得一组方位频率对应一个方向图 (方向图总个数为

$m \times n \times k)$。相控阵天线增益函数可以表达为与θ、φ、F 相关的表达式：

$$G_{\mathrm{PA}} = G(\theta, \varphi, F) \tag{6.23}$$

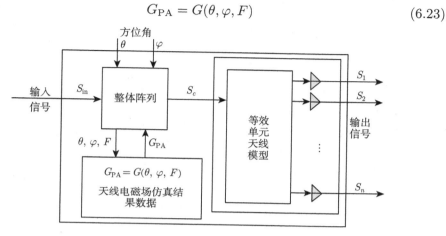

图 6.30　相控阵天线模型内部工作原理示意图

每个等效单元天线增益的表达式：

$$G_i(\mathrm{dB}) = 10 \lg N - G_{\mathrm{PA}}(\mathrm{dB}) \tag{6.24}$$

式中，N 为相控阵天线单元总数。

根据波束控制公式，输入 (θ_0, φ_0) 计算各路频点相位差 $\Delta\varPhi$，即可得到 $(S_1, S_2, \cdots, S_n)$ 的 n 路频域输出信号，经过傅里叶逆变换，得到 n 路时域输出信号。

3) 相控阵天线模型的封装过程

对电磁场仿真工具中相控阵天线模型的封装旨在准确仿真天线的 S 参数、谐振频率、增益方向图等参数，定义准确的输入输出关系，将这些参数输入系统仿真链路中，以评估对链路仿真的整体影响。将 HFSS 物理模型仿真结果数据封装成相控阵天线模型，在系统链路中与其他器件模型级联，在系统链路仿真时，输入信号与相控阵天线模型进行数值计算后输出信号，实现信号流在仿真链路中传递，避免每次仿真计算时调用电磁场仿真工具进行长耗时的有限元仿真，同时保证模型具有较高的仿真精度。

天线模型的封装过程包括三个阶段，如图 6.31 所示。

(1) 电磁场专用仿真工具仿真阶段。

该仿真阶段主要实现电磁场仿真工具的外部调用。将需要在电磁场仿真工具界面中完成的交互操作转换为可后台执行的 VBScript 宏指令，实现自动化的物理模型建立、模型修改、模型的材料设置、边界设置、激励设置和求解设置等操作，以及仿真解算的启停控制。通过 VBScript 脚本对物理模型从结构建模到仿真设置全流程控制，实现外部控制电磁场仿真工具对相控阵天线物理模型的自动求解。

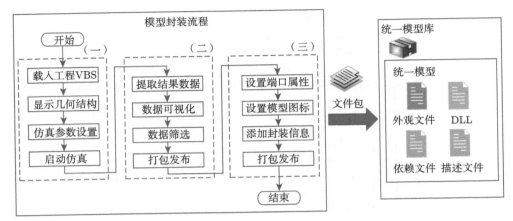

图 6.31　相控阵天线模型封装原理示意图

VBS: visual basic script, 可视化 Basic 脚本

(2) 仿真结果提取阶段。

仿真结束后，控制电磁场仿真工具生成三维方向图的离散数据 csv 格式的数据文件，供封装数据分析和提取选用。

(3) 封装打包发布阶段。

在结果数据提取成功后，为模型指定外部输入输出端口，设置模型参数，设置外观图标。要想在仿真链路中正确使用结果数据，需要向封装模型写入相应的计算逻辑，使得仿真引擎能以动态链接库的形式调用该模型。上述工作完成后，通过代码编译生成模型动态链接库，完成模型封装全过程。将封装后的模型包发布至异构模型管理库中，如图 6.31 右侧部分所示。

将多个不同类型的天线模型进行封装，更新微波光子仿真软件，可看到新的天线模型已经出现在模型管理面板上，如图 6.32 所示，包含天线方向图仿真结果的天线模型、基于方向图仿真结果进行神经网络训练的天线模型、基于商用 CAE 工具软件创建的天线行为级模型和基于相控阵原理与公式编写的天线模型。在仿真软件中，这些天线模型均以块图的形式呈现，并通过唯一的类型名进行标识。通过双击查看天线模型的属性面板，不同天线模型均有相同的表述规则，如图 6.33 所示。

创建系统仿真链路时，将所需天线模型图标拖拽到原理图绘制区 (如图 6.32 中箭头所示，64 路接收天线模型)，就可实现阵列天线模型的创建。可以看出，该封装后的模型具备 2 个输入端口以及 64 路输出端口。从系统设计师的视角，该模型是用于系统链路构建的行为模型,无须再关注模型的设计细节,如材料属性、网格属性等;从仿真引擎的视角,该模型是对三维有限元仿真工具建立的网格模型进行二次建模的降阶模型,无须再调用有限元求解器;从数据流传递的视角,该模型可接收序列化的时域波形数据,同时产生 64 路序列化的时域波形数据,无须对数据再做转换处理。

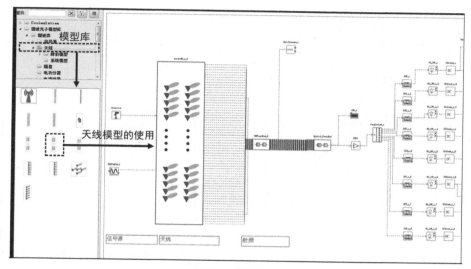

图 6.32　相控阵天线模型入库与使用

图 6.33　天线模型属性显示

将信号源、射频前端等模型拖入原理图绘制区,按照信号流输出输入关系依次连接各个模型的数据端口,形成系统链路网络拓扑。

信号源输出信号到 64 路阵列天线模型中,根据方位信息和频率值按贝塞尔曲面拟合的三维方向图实时计算出对应的增益,如图 6.34 所示,随着方位和频率的扫动,实时输出各路的增益曲线。

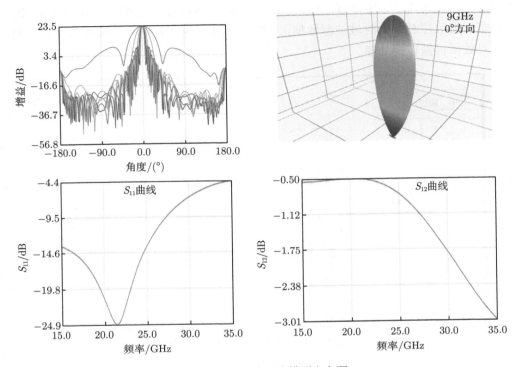

图 6.34　相控阵天线模型方向图

6.2　微波光子高效仿真方法

一个完整的微波光子系统包含的异构模型数量庞大,要想完成仿真,高效率的数值计算是关键。本节主要介绍了两种方法:一种是通过跨域匹配的方法实现光波与微波的联合仿真,将仿真采样率从光频降低到微波域,显著减少了仿真数据量;另一种是分布式并行计算,通过增加硬件和计算资源,实现仿真时间的显著缩短。值得注意的是,上述两种方法协同使用,对微波光子复杂系统仿真的效率提升具有显著益处。

6.2.1　基于跨域匹配的微波光子系统高效仿真方法

1. 高效仿真原理

众所周知,微波的频率一般在数十吉赫兹,而光波的频率则高到数百太赫兹,这意味着微波和光波信号在仿真过程中的采样率将相差 4～5 个数量级,同时也导致了仿真过程中的数据量相差 4～5 个数量级，从而造成采样率、数据量等参量的不匹配。一种方法是在微波域和光域统一采用光波信号的采样率来实现跨域模型的数据匹配。但是，这将造成数据量的极大增加。例如，对一个光载频为 193THz 的微波光子信号进行采样，根据奈奎斯特定律，采样率至少需要达到 386THz，这意味着仿真 1ms 的数据量将达到 0.386×10^{12}，仅完成数据的存储都十分困难，其运算更加难以进行。

为了解决上述问题，光子变频等效方案能够一定程度上降低仿真系统所需的采样率。但是该方法更加适用于单波长或者窄波长范围内的多谱信号仿真。例如，仿真系统中仅存在 193THz 的信号，那么通过变频的方法可以将该高频信号搬移到零频处，那么该系统的仿真带宽和采样率就仅仅取决于系统所调制的微波信号的带宽和速率，一般为吉赫兹。但是，当仿真信号为多谱调制时，系统的变频量为仿真带宽的一半。显然，当仿真带宽越来越大时，仿真时间和计算压力仍然快速增长。例如，仿真频率范围为 192.917～193.415THz，利用变频的方法，最优的解决方案是将上述宽带信号的中心点搬移到零频，变频后的频率范围为 ±0.249THz，最高频率仍高达 2.49×10^{11}Hz，相应的采样频率为 1THz。该方法的采样率和数据量将随着频谱宽度的增加而显著上升。

而对于复杂的光学系统或者微波光子系统来说，宽带高频的多谱调制是其最基本的特征之一。上述仿真方法由于超高采样率和超大数据量而不能很好地满足多谱系统的高精度仿真，从而导致仿真结果越来越难以指导工程设计。

本书介绍了一种基于跨域匹配的微波光子系统高效仿真方法，其核心是频谱搬移和低通滤波相结合，在保证仿真精度的条件下显著提升了多光谱信号的仿真效率。该方法的流程图如图 6.35 所示，包含以下七个步骤。

(1) 获取多谱调制信号的特征，包括谱波长和谱个数。针对波分复用信号，上述两个参数都是用户输入，可直接提取；而针对光梳信号，可使用寻峰算法来提取。

(2) 根据上述两个特征，得到 n 个复制信号。一般来讲，信道化滤波带宽越窄，系统采样率越低，计算时间越短，但是由滤波引起的计算复杂度会显著增加；而滤波带宽越大，计算复杂度越低，但是由于系统采样速率变高，计算时间也会增加。因此，需要一个评价函数来指导和优化复制信号的个数，从而可以兼顾计算复杂度和计算时间。综合考虑采样速率与滤波带来的计算复杂度，信道化的评价函数 (准则) 为：限制每个子信道中的谱个数不超过 2 个，以实现零频附近的谱搬移。

(3) 根据复制信号的个数 n 和多谱调制信号的谱个数，计算出第 i 路所需的变频量。具体方法为：检测每个信道的峰值信号频率，记为 f_{iL} 和 f_{iH}(若只有一

个就为 f_{iC})，计算该通道的变频量 $f_{iC}=(f_{iL}+f_{iH})/2$。

(4) 通过公式 $\text{Down\_Data}_i=\text{Data}_i\times\exp(-\text{j}2\pi f_{iC}t)$ 即可完成 i 通道的下变频。

(5) 判断当前信道 i 是否等于复制信号的个数 n。

(6) 如果不成立，则返回步骤 (3)，对第 $i+1$ 个信道进行下变频处理。

(7) 如果成立，则完成对宽带多谱调制信号的分解与变频，可以进行进一步的仿真。

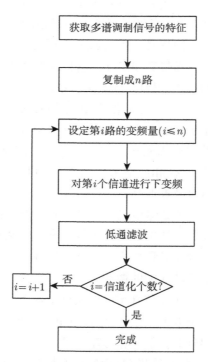

图 6.35　基于跨域匹配的微波光子系统高效仿真方法流程图

基于跨域匹配的微波光子系统高效仿真方法原理图如图 6.36 所示，以多谱调制信号为例，首先按照调制信号谱的个数将信号流进行复制，将每路信号分别进行频谱搬移，搬移量与一个载波频率相同。此时，每路信号都有一个载波位于零频处。接着，每一路信号通过相同的低通滤波器，滤除零频载波处的信号，这样就将高频的微波光子信号转换成了微波域信号，从而实现了微波与光波的跨域模型匹配。

以一个典型的波分复用多谱信号为例，其光谱如图 6.37 所示。通过频谱特征提取，该波分复用 (wavelength division multiplexing, WDM) 信号具有 5 个波长，波长 (频率) 分别为 1550nm(193.415THz)、1551nm(193.290THz)、1552nm

(193.166THz)、1553nm(193.041THz) 和 1554nm (192.917THz)。其中，在频率为 193.415THz 处的光载波调制了一定频率的微波信号。

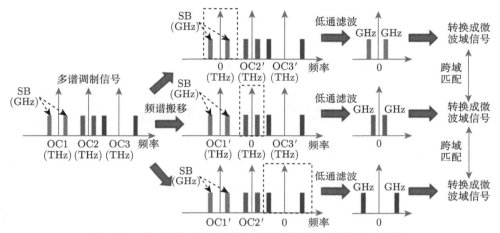

图 6.36 基于跨域匹配的微波光子系统高效仿真方法原理图

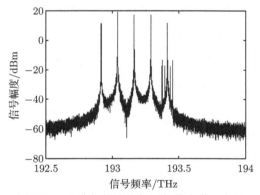

图 6.37 5 波长的波分复用信号光谱示意图

由图 6.37 可知，该信号最高频率为 193.415THz。按照奈奎斯特采样定律的要求，上述多谱调制信号需要在 193.415THz 的 2.5 倍采样率下才能实现基本的表征和仿真。根据经验，要想得到较为精确的仿真，其采样率则应高达 10 倍最高频率，即 2×10^{15}。显然，在这种采样率下，即便仅仅仿真 1ms，也会产生 2×10^{12} 的数据量。这种数据量对于任何一个仿真系统都难以承受。

基于跨域匹配的高效计算方法通过对上述多谱信号进行频移并滤波，以得到多个下变频量。根据前述的评价函数 (变频后每个通道载波数不超过 2 个)，滤波方案如图 6.38 中虚线所示 (实际上滤波都是发生在零频处)，2 个波长为 1 个信道，由于多谱调制信号中的谱个数为奇数，因此滤波后共有 3 个信道 ($n = 3$)，前

2 个信道中是 2 个波长, 而后 1 个信道中只有 1 个波长。

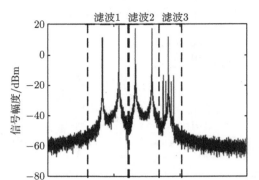

图 6.38　多通道等效滤波特性示意图

信道化滤波后, 各信道频谱如图 6.39 所示, (a) 为信道 1, (b) 为信道 2, (c) 为信道 3。由此可见, 原始多谱调制信号被分成了双谱或者单谱信号, 光谱复杂度显著下降, 这就为降低采样率和跨域数据匹配奠定了基础。

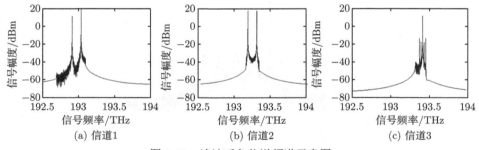

图 6.39　滤波后各信道频谱示意图

2. 高效仿真实例

为了验证上述方案的可行性, 图 6.40 构建了 8 波长的典型微波光子链路仿真框图。8 个不同波长的激光器通过多个 2×2 耦合器进行复用, 并与一个微波信号共同通过一个 MZM 进行电光转换, 最后通过光电探测器完成光信号到电信号的转变。仿真波长范围为 1550~1570nm, 仿真时长为 1ns, 仿真频率为 40GHz。

图 6.41(a) 和 (b) 对比了 8 波长微波光子链路的仿真效率, (a) 为传统仿真方法, (b) 为跨域仿真方法。首先, 从光谱图上看, 两种方案在波长和功率参数的测量上一致, 表示两种方法都能得到较为准确的结果。其区别在于传统仿真方法所需的采样率为 10THz, 而跨域仿真方法所需采样率为 300GHz 时就能够得到类似精细度的光谱测量结果。

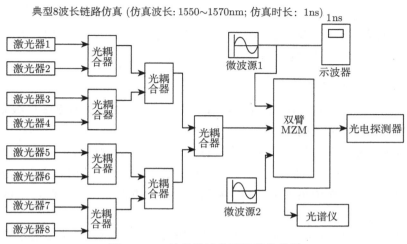

图 6.40 8 波长微波光子链路仿真图

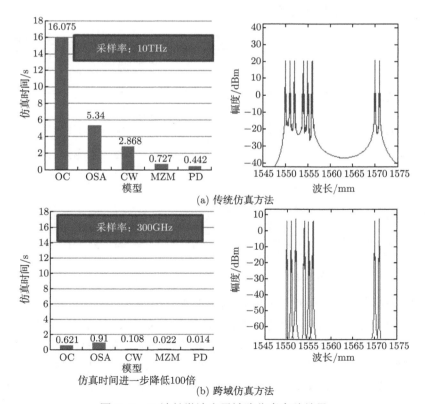

图 6.41 8 波长微波光子链路仿真实验结果

OC: optical coupler，光耦合器；OSA: optical spectrum analyzer，光谱分析仪；CW: continuous wave laser，连续波激光器；MZM: Mach-Zehnder modulator，马赫-曾德尔调制器；PD: photodetector，光电探测器

该方案不仅解决了光波 (甚至多波) 与微波信号仿真的采样率统一问题，还能高效实现跨域参数转换及参数传递，同时能够极大地缩短仿真时间，为实现复杂系统的数据匹配和快速仿真验证提供了技术保障。

6.2.2　分布式并行计算方法

微波光子阵列系统是由大量的器件、组件、模块等组成的复杂多层级系统，其系统仿真是基于信号流的拓扑链路数值计算。而多层级的微波光子阵列仿真系统模型数量多达数百个，整个系统仿真的计算量很大，同时模型之间传递数据量也很大；对于一段完整输入信号，往往需要细分为大量的时钟节拍分步进行仿真，导致系统仿真的计算量成倍增加，仿真耗时达几十小时甚至上百小时，难以实现系统设计的快速验证。

这里以一个典型的微波光子阵列接收系统为例，阐述直接采用信号流仿真引擎进行串行计算的详细过程。系统原理如图 6.42 所示，包含信号源、天线、射频前端、光学前端、波束形成网络、数字处理等。

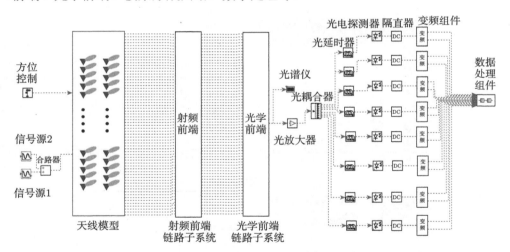

图 6.42　微波光子阵列接收系统组成示意图

该系统链路在仿真运行开始时，系统中所有模型首先被实例化与初始化。例如，为模型开辟能够访问其变量数据、端口属性、模型状态等的内存空间。当模型初始化成功后，仿真引擎将解析整个系统的拓扑信息，为所有模型进行排序，同时建立模型端口间数据交互通道。之后仿真引擎根据建立的模型顺序关系，依次调用模型完成单步计算任务。模型在其单步计算回调函数内部完成输入数据读取、更新变量、计算处理、输出端口数据写入等工作。完成一次链路的单步计算时间是所有模型单步计算时间之和，同时还要考虑数据发送和接收的通信时间。因此可以很自然地想到通过将某些模型放在线程中同时计算，或者利用多台计算机同时运行一些仿真子任务，将能够显著优化仿真效率[16]。由于链路中模型间存在因果关系，要找出相互间不依赖的模型进行并行化的算法较为复杂，且有可能影响仿真结果的准确性，因此本系统首先选用了分布式并行处理方案。

并行处理技术的研究开始于 20 世纪 60 年代初期。第一台多机并行处理的计算机是 ILLIAC–IV，由美国伊利诺伊 (Illinois) 大学研制成功。整个 20 世纪 70 年代，大规模集成电路迅速发展，加速了多机并行处理系统的研究开发工作[17,18]。20 世纪 80 年代中期，多处理机系统技术日趋完善[19]。此时将多机并行处理系统用于仿真，形成多机并行仿真系统，使并行仿真技术发展起来[20]。

当前，虽然用于并行仿真的硬件与软件都在快速发展，但实际上并行利用效率仍然较低。计算机通常用于执行低要求的任务 (如文本编辑)，并在大部分开机时间中处于空闲模式。这种现状也是由于传统的 CAE 工程师更习惯在个人计算机上完成所有工作，而没有充分利用其他计算机中的闲置算力来进行并行仿真导致的。

分布式并行处理技术是提高仿真计算速度的有效方法，本章结合自主开发的多层级系统链路仿真软件，针对基于信号流的宽带微波光子阵列系统仿真计算量大、耗时过长的问题，利用高性能工作站集群，设计实现了一种 C/S 架构的局域网分布式并行仿真系统，大幅提高了微波光子阵列系统仿真的计算效率，缩短了整体仿真的耗时，实现了微波光子阵列系统设计的快速验证。

1. 分布式并行仿真架构

对组成链路的各个模型在计算集群中进行分配组合，可以实现不同组合同时执行的模型级并行仿真。由于微波光子链路可按功能划分为接收、处理、生成等子链路，每个子链路内部可并行计算以获得整体时间段内的各子时段数据序列，根据时间戳进行排序和拼接，得到完整的子链路信号输出并向下一个子链路进行传递。基于此思想可构建分布式串并结合的仿真系统。

整体的部署架构如图 6.43 所示，多任务并行控制软件部署于主控端，通过传输控制协议 (transmission control protocol, TCP) 与部署于工作站集群的仿真服务进程建立通信，在仿真过程中主控端通过指令实现仿真任务的划分、部署下发、仿真启停等控制，同时通过消息中间件创建数据软总线实时收集各个计算节点的仿真数据。

(1) 模型管理终端负责向各计算节点部署需要计算的模型。

(2) 仿真链路设计终端部署系统链路仿真设计软件，设计师按照微波光子阵列链路系统功能需求搭建多层级仿真链路，形成仿真链路文件。

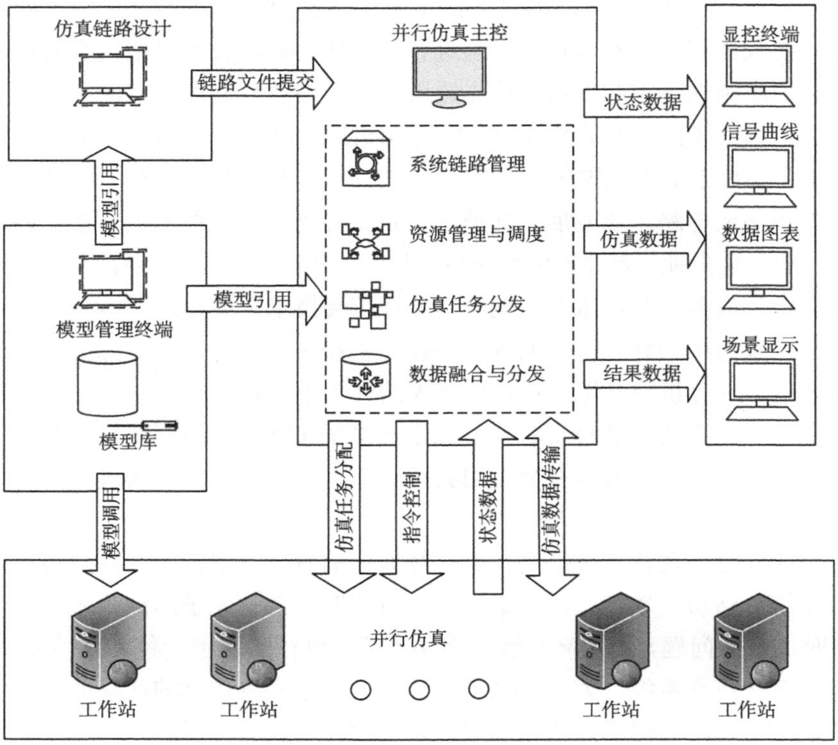

图 6.43   分布式并行架构

(3) 并行仿真主控端部署多任务并行控制软件，负责多链路仿真文件的管理、仿真计算资源管理与调度、仿真任务的分发以及仿真过程和结果数据的融合与分发等工作。

(4) 显控端由多台计算机组成，根据仿真需要分别部署仿真过程资源监控、仿真过程信号曲线显示、仿真结果数据图表显示以及场景显示任务，并在仿真过程中进行实时显示。

(5) 工作站集群是由多台完整计算节点通过互联网互连而成的，各个工作站计算节点为同构型配置，部署链路仿真计算服务用于访问所在计算机上的仿真引擎，受并行仿真总控统一管理。

2. 分布式并行仿真控制逻辑

分布式控制端主要包括链路文件管理、仿真项目管理、数据管理及消息管理四部分，其功能架构如图 6.44 所示，各部分功能描述如下。

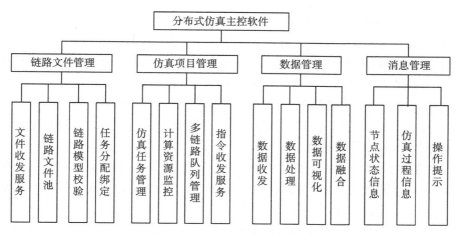

图 6.44 主控端的功能架构

(1) 链路文件管理对链路仿真工程文件进行管理,维护链路文件池,供多链路仿真选用。链路设计客户端创建系统链路后,通过文件收发服务上传至分布式控制端,纳入链路文件管理的链路文件池统一管理。

(2) 仿真项目管理负责仿真工程的创建、仿真任务划分、资源分配等工作。支持多工程管理,创建仿真工程时可从链路文件池中选择多个链路,设定各个链路的串行执行队列,针对队列中计算量大的链路进行分布式任务划分,并分配绑定相应的计算节点资源,形成部分并行仿真的任务拓扑;如图 6.45 所示,大任务仿真链路 1 按均衡负载平均分配至 k 个计算节点,在各节点中按耗时平均分配至 j

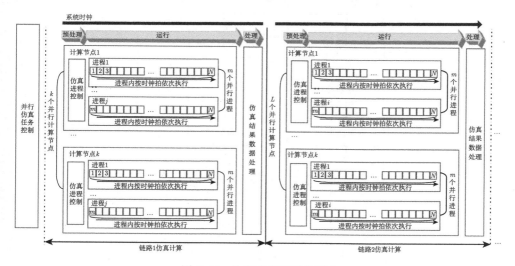

图 6.45 分布式仿真任务划分

个进程，每个进程按时钟拍依次执行 N 个时钟拍，依次实现 $k \times j$ 个进程的并行执行，等待各进程执行完后，将各个进程的仿真结果按照分配的时钟拍顺序依次拼接，融合成仿真链路 1 的 $k \times j \times N$ 次拍完整结果数据，经过一定处理后作为链路 2 的仿真数据输入，以此方式直至所有顺序链路执行完毕。

(3) 数据管理负责接收各分布式计算节点仿真的过程数据、结果数据，经过一定分选、提取等处理，部分数据作为下一个链路的输入参数下发至各计算节点，部分数据发送到场景显示端。

(4) 消息管理负责对操作给出提示信息并记录日志。程序通过心跳信号定时收集各个节点的状态信息，监控网络中各节点工作状态，如仿真任务的当前状态、执行进度和异常信息等。

分布式控制端运行流程如图 6.46 所示。首先创建仿真项目，从链路文件池选择链路文件，按链路的仿真时间总拍数配置仿真总任务量，在计算资源列表中选用可用计算节点，采用计算负载均衡策略分配子节点任务量[21,22]，按时钟拍分段顺序自动完成计算节点与任务的绑定并分配任务标识，设定子链路间的串行连接顺序，下发仿真配置参数至各子节点，然后向各个计算节点发送启动运行仿真指令，各个节点开始并行运行仿真任务，主控端进入接收数据、融合数据、更新显控的循环流程，直至完成所有串行的子链路仿真任务。

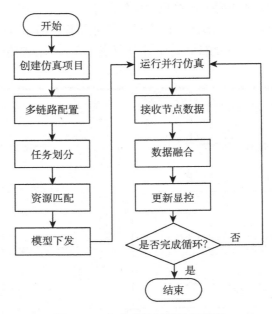

图 6.46　分布式控制端运行流程

3. 并行仿真服务进程

并行仿真服务进程作为分布式架构下各个节点的数据传输纽带，负责节点资源与状态监控、文件传输、数据通道动态构建等任务，并行仿真服务进程功能视图如图 6.47 所示。每个服务进程根据当前计算机的可用 CPU 核数来提供仿真插槽，每个插槽通过开辟一个工作者进程来处理一个独立的仿真任务。当插槽中已有正在执行的仿真任务时，除非仿真任务被释放，否则不再响应另外的仿真任务请求。概括起来，一个仿真插槽映射一个工作者进程，而一个工作者进程映射一个可并行的仿真任务。

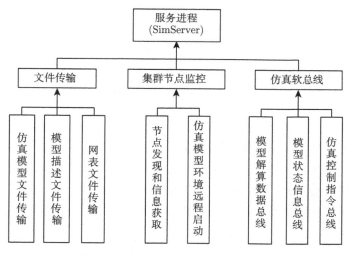

图 6.47 并行仿真服务进程功能视图

并行仿真服务进程执行流程如图 6.48 所示，服务进程启动后，它与节点管理服务器建立连接，以注册服务进程所在计算机与模型计算有依赖的仿真工具。节点管理服务器通过心跳机制定期请求各分布式节点上计算机当前仿真插槽的状态，以跟踪可用性、速度和可用仿真插槽的数量。当用户计算机需要执行分布式仿真时，用户计算机首先向节点管理服务器请求可用计算机列表 (这些可用计算机需要符合速度和可用插槽数的要求)，节点管理服务器搜集各个计算节点上服务进程发来的可用插槽信息并集中发送给客户端计算机进行可视化显示。然后，用户会根据实际情况配置哪些任务运行在这些资源上，并将配置信息通过网络发送给节点管理服务器。当节点管理服务器收到远程的仿真请求后通知各个计算节点上的服务进程，服务进程将启动一个单独的仿真工作进程，此时真正的数据传输通道、消息传输通道才开始动态创建。这样，所有进一步的通信将直接在用户计算机与仿真工作进程之间进行。

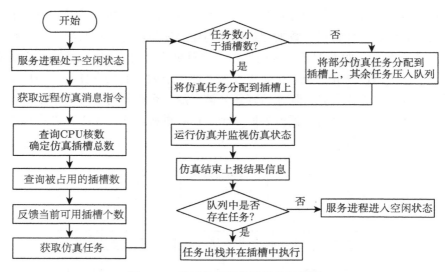

图 6.48   并行仿真服务进程执行流程

由于使用了外部工作进程，即使依赖仿真工具的统一模型计算崩溃或锁定，服务进程还是可以保持活动状态，并能上报系统异常。如果实际处理仿真任务的仿真引擎由于某些故障而停止响应，则服务进程可以强行终止以释放资源。

分布式并行计算的数据通信示意图如图 6.49 所示，每个用户计算机会主动尝

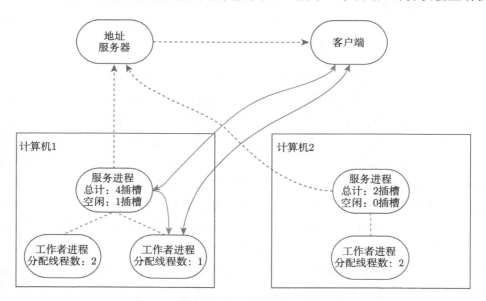

图 6.49   分布式并行计算的数据通信示意图

试请求新的可用服务进程，此情况下用户计算机以先到先得的方式获取资源。在通过地址服务器确定了分布式资源后 (节点与插槽个数)，用户计算机直接与服务进程和工作进程进行通信，并使用所需数量的服务进程和仿真插槽完成并行仿真任务。

需要注意的是，计算节点集群配置不是影响并行仿真性能的唯一因素。如前所述，考虑并行框架的设计，仿真效率可能在很大程度上取决于计算节点上实际有多少可用的仿真插槽。如果可用插槽少于服务进程设置中指定的插槽，则某些工作进程可能会排队，这会大大降低并行化效率。因此，有必要指定同时进行的仿真任务数量，该数量应小于或等于服务器或本地主机上实际可用的同时进行的仿真数量。

分布式仿真环境下，客户端计算机与计算节点、仿真引擎进程、仿真任务线程之间都需交互消息，给消息交互带来了复杂性，消息交互层级如图 6.50 所示。准确可靠地实现节点之间、进程之间和线程之间的消息交互是仿真项目稳定运行的关键。由此可见，服务进程对消息的管理至关重要。在仿真项目运行过程中，并行仿真服务负责完成以下工作。

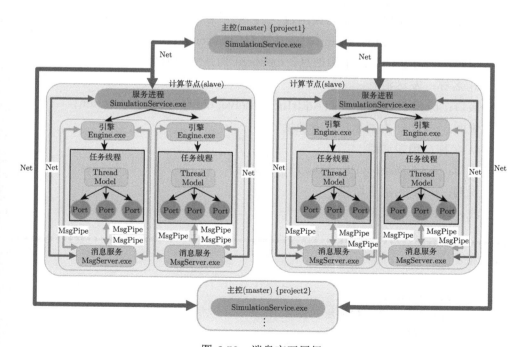

图 6.50 消息交互层级

4. 建立消息通道

执行仿真时，每个仿真项目会随机配置一个主控节点，参与本项目的所有节点的消息都将汇集到当前项目的主控节点。若某个计算节点上同时执行多个仿真项目，则该计算节点上存在多个仿真引擎实例 (即多个仿真引擎进程)，每个项目拥有独立的消息空间，彼此互不影响。

参与项目计算的各节点上的服务进程会解析仿真配置文件，根据解析结果找到当前项目的主控节点，并主动连接到主控节点，建立主从节点间的消息通道。

计算节点上有新的项目加入时，服务进程将启动一个新的仿真引擎，引擎加载消息服务动态库，并初始化消息服务。初始化过程中，消息模块创建网络客户端并主动连接至当前计算节点的仿真服务。

消息服务为单例模式，在消息服务中提供创建消息通道、注册接收消息回调函数、发送消息、销毁通道的接口。

1) 名称：创建消息通道

接口：MsgPipe* CreatePipe(int threadID)。

说明：返回创建的通道。

2) 名称：注册接收消息回调函数

接口:void SetCallback(void (*fun)(AddrInfo sender, char* message, int len))。

说明：sender 为消息来源信息，message 为具体的消息内容。

3) 名称：发送消息

接口：bool SendMessage(AddrInfo receive, char* message, int len)。

说明：receive 为消息接收者地址。

4) 名称：销毁通道

接口：bool DestroyPipe(MsgPipe* pipe)。

说明：pipe 为消息通道。

注：AddrInfo 结构如下。

```
*****************************************************************************
AddrInfo
{
  short projectId;//项目ID
  string ip; //计算节点IP地址
  int   pipeId;//通道ID}
*****************************************************************************
```

消息通道提供消息的发送和消息的接收回调函数。

```
**********************************************************************
class MsgPipe
{
public:
    void SetCallback(void (*fun)(AddrInfo sender, char* message, int len));
    bool SendMessage(AddrInfo receive, char* message, int len);
    }
**********************************************************************
```

5. 消息路由功能

计算节点之间的消息通过仿真服务之间、仿真服务与引擎之间动态建立的层层路由进行传递，过程如图 6.51 所示。

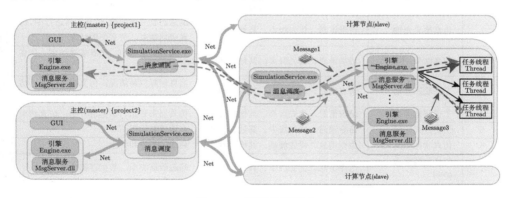

图 6.51 消息传递路由

根据上述应用场景，仿真消息类型可按如下方式进行定义。

消息总体上分为状态消息 (status message) 和命令消息 (command message) 两大类。通过状态消息查询各插槽中仿真运行状态，通过命令消息进行状态控制 (status control)。

状态相关的消息包括：

(1) 仿真结果查询、仿真结果上报；

(2) 工作状态查询、工作状态上报。

命令相关的消息包括：

(1) 仿真方式控制——本地、远程；

(2) 仿真状态控制——启动、暂停和终止；

(3) 仿真数据筛选控制——筛选数据类型、数据存储位置等；

(4) 工作状态控制——启动和退出。

　　上述两种消息的通信均可采用请求-应答模式实现简化处理。该模式下，当服务端在处理请求时中断，客户端能够得知这一消息，并停止接收消息，转而选择等待重试，请求另一服务端等操作。最基本的请求应答模式是请求 (REQ) 客户端发送一个同步的请求至回复 (REP) 服务端，但是该模式可靠性很低——如果服务端处理请求时中止，客户端会永远处于等待状态。为保证仿真过程中消息传递的可靠性，需要对这种模式进行可靠性设计。例如，通过轮询计数来判断等待消息时间过长时是否进行重连操作，以及从仿真引擎发送心跳数据包给服务进程，使服务进程得知何时仿真陷入了异常等。

　　消息功能详细说明如表 6.3 所示。

表 6.3　消息定义说明表

序号	消息名称	消息类型块内容	消息体内容
1	仿真结果查询	请求消息、优先级中、其他、普通	消息回复三种情况：仿真正常进行中、仿真成功结束、仿真失败结束
2	仿真结果上报	请求消息、优先级高、其他、普通	仿真正常进行中、仿真成功结束、仿真失败结束
3	工作状态查询	请求消息、优先级中、其他、普通	消息回复三种情况：仿真尚未开始、仿真进行中、仿真结束
4	工作状态上报	请求消息、优先级高、其他、普通	仿真尚未开始、仿真进行中、仿真结束
5	仿真方式控制	命令消息、优先级中、其他、普通	本地或者远程两种
6	仿真状态控制	命令消息、优先级高、其他、普通	启动、暂停和终止
7	仿真数据筛选控制	命令消息、优先级中、其他、普通	筛选数据类型、数据存储位置等
8	工作状态控制	命令消息、优先级中、其他、普通	启动、退出

6. 数据通道与数据传输

　　数据在仿真节点之间传输采用独立于消息通道的数据通道。在仿真运行过程中，模型的端口 (Port) 之间需要高速交互数据，交互数据的模型输出端口与模型输入端口可能位于一个节点 (Node) 内，也可能位于不同的节点。因此，数据传输通道既可能是节点内部的通道，也可能是节点间的通道，数据通道的层级如图 6.52 所示。

　　每个模型包含多个端口，与单机运行类似，模型端口之间通过 Node 类实现数据交互。但不同于单机运行时的共享内存，分布式运行中的 Node 需要实现网络收发功能。在进行模型间数据交互时，仿真引擎、数据服务等功能描述如下。

　　1) 仿真引擎

　　(1) 创建仿真运行线程并加载模型；

　　(2) 调用数据服务 API 创建模型端口的 Node；

(3) 将 Node 与模型端口绑定 (绑定可采取端口提供 setNode 接口实现)。

2) 数据服务

(1) 根据仿真引擎向 API 传递的参数创建对应的 Node；

(2) 根据仿真模型拓扑关系建立 Node 之间的连接；

(3) Node 和连接的管理，即连接映射表的管理。

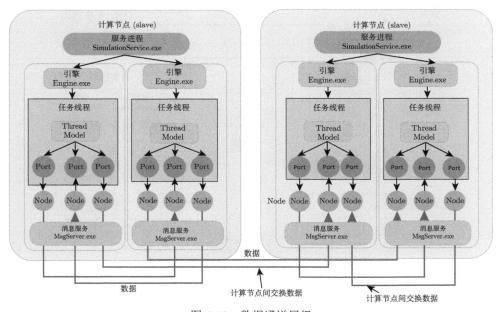

图 6.52　数据通道层级

Node 由消息数据服务创建，提供给端口使用，数据交互为端口的 Node 对端口的 Node，无需主控参与。计算节点内数据交换通过共用一个 Node 实现，计算节点间数据交换通过 Node-Net-Node 的方式实现。

数据通道的创建以及路由实现过程描述如下。

首先建立网络连接。每个仿真引擎可能会计算多个模型。根据仿真配置文件从约定的目录下加载需要的模型，通过数据服务动态库 (DataServer.dll) 在模型端口之间建立数据通道，用于交换数据，通道逻辑连接示意图如图 6.53 所示。

任意两个仿真进程之间数据通道的个数可配置，即多个逻辑数据通道通过 DataServer(数据服务) 合并，而后采用负载均衡 (轮询算法) 分发到不同的 TCP 进行传输，如图 6.54 所示。DataServer 内部采用扇入、扇出的方式合并分发数据，对不同端口之间的数据加入端口号进行区分 (创建数据通道时，内部自动为每个端口绑定编号，进行传输区分)。

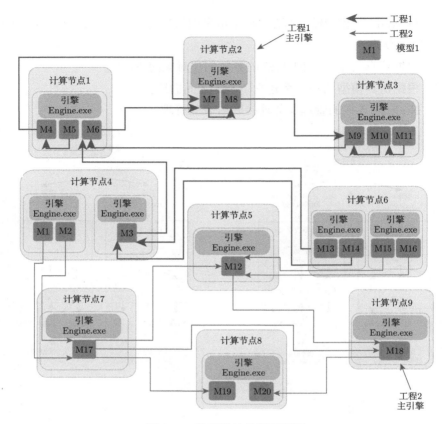

图 6.53　数据传输的逻辑连接

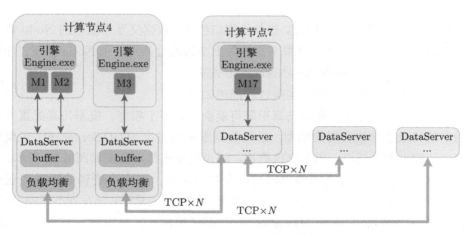

图 6.54　数据传输 TCP 连接

网络传输速率受网络带宽、网卡性能的影响较大，故提供节点间最大 TCP 数量可配置，根据仿真数据量配置 TCP 最大连接数量。性能分析如下。

(1) CPU 的处理速率远高于网络输入/输出 (input/output, I/O) 速率，网络传输的主要性能瓶颈在于网络带宽，故多个数据通道可合并进行传输。

(2) 每个进程内连接不同计算机节点，存在多个 TCP 连接，图 6.54 中计算节点 7 上存在 4 条 TCP 连接，这 4 条连接放在同一个线程中处理 (CPU 处理速度远高于 I/O 速率)，采用异步非阻塞事件驱动模型 [Linux 下为 epoll、Windows 下为输入/输出完成端口 (input/output completion port, IOCP) 模型]，一个线程能处理上千个连接。若每个连接采用一个线程，线程大部分时间处于等待网络 I/O 状态，且线程切换成本高，造成性能急剧下降。高性能的超文本传送协议 (hypertext transfer protocol, HTTP) 服务器 Nginx 也采用异步及非阻塞的事件驱动模型获得高并发和高性能。其运行时工作进程一般为 CPU 的核数，每个工作进程内部采用一个线程处理所有的 TCP 连接，即多进程单线程的模型。

仿真引擎解析仿真配置文件，根据模型端口描述信息调用数据服务 (DataServer) 的 API 为每个模型的每个端口 (输入、输出端口) 创建 Node 对象。创建 Node 对象的 API 为 Node* CreateNode(model, port)，消息数据服务内部维护着一张映射表，表中记录了 model、port、node。以图 6.55 为例，其在计算节点 1 和计算节点 2 上的端口映射表如表 6.4、表 6.5 所示，object* 表示 Node 对象。

CreateNode() 函数内部根据此端口连接的是本地端口还是远端端口创建不同的 Node 过程，创建过程具体如下。

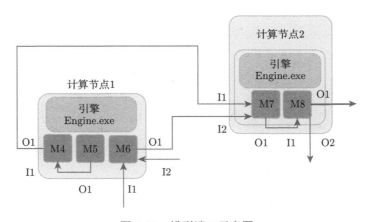

图 6.55 模型端口示意图

表 6.4　计算节点 1 模型 Node 映射表

ID	Model	Port	Node
1	M4	I1	Object* obj1
2	M4	O1	Object* obj2
3	M5	O1	Object* obj3
4	M6	I1	Object* obj4
5	M6	I2	Object* obj5
6	M6	O1	Object* obj6

表 6.5　计算节点 2 模型 Node 映射表

ID	Model	Port	Node
1	M7	I1	Object* obj1
2	M7	I2	Object* obj2
3	M7	O1	Object* obj3
4	M7	I1	Object* obj4
5	M7	O1	Object* obj5
6	M7	O2	Object* obj6

(1) 如果此端口连接的为本地端口，则遍历本计算节点上的模型 Node 映射表，查找需要连接的端口是否已经存在于表中，如果存在，则返回对应的 Node 对象；若不存在，则新建一个 Node 对象，并插入此表中，然后返回此对象。保证连接的两个本地端口共用同一个 Node。即图 6.56 中模型 (M4-I1、M5-O1) 和 (M7-O1、M8-I1) 之间 Node 的连接方式。

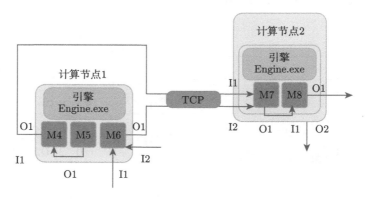

图 6.56　Node 路由

(2) 如果端口之间数据交互为远端端口，则新建一个 Node 对象，插入表中并返回此 Node 对象。

　　从仿真描述文件获得模型之间的端口映射关系以及每个模型分配在哪个计算节点上。根据 Node 连接的远端计算机地址，将每个 Node 与对应的 TCP 连接绑定。

　　数据交互过程描述如下。

　　(1) 模型 B 的输出端口 2 将结果 set 到 Node1，set 数据结束调用发送数据API：void sendData(Node1* node)。

　　(2) API 内部调用序列化函数得到序列化结果。

　　(3) 将序列化结果通过绑定的 TCP 连接发送到 PC2 上的 Buffer。

　　(4) Buffer 收到数据后根据数据流携带的信息反序列化为具体的基本数据结构 (定义的基本数据结构)。

　　(5) 将得到的基本数据根据端口映射表 set 到对应的 Node2。

　　(6) 模型 D 通过 get 获取 Node2 的值。

　　数据通道的管理主要是对模型 Node 映射表和 Node 路由信息表的管理，远程端口之间的连接与数据传输如图 6.57 所示，可通过在 Node 之间建立序列化/反序列化通道实现。在仿真运行过程中，不同节点上运行的模型端口之间交互大量仿真数据，而且模型计算输出的结果数据需要传输到后处理节点。模型端口输出的数据瞬时速率很高，无法确保数据能实时传输出去，需要在节点上对数据进行存储管理，为了区分不同项目、不同模型、不同端口输出的数据，需要对数据进行分类管理。

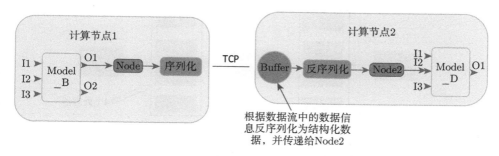

图 6.57　远程端口之间的连接与数据传输

7. 并行计算加速比

　　局域网分布式的并行仿真系统通过以太网将分散的计算能力聚集起来，能够处理单个工作站无法完成的数据密集型计算任务[22]。例如，微波光子全系统多学科协同仿真，由于需要大量的运算，一台通用的计算机无法在合理的时间内完成工作，或者由于所需的数据量过大而可用的资源有限，根本无法执行计算。局域网分布式的并行仿真系统是将多个节点的计算能力进行整合，能够有效地克服这些限制。将数据和运算相应地分布到多个节点中，形成计算任务并行执行的状态。随着 CPU 和节点数量的不断增加，人们可以使用的计算能力越来越多，单位时间内可执行更多运算，从而整体提高计算任务的计算速度，这里常用加速比来衡量加速的能力[23]。

加速比通常定义为同一个任务在串行系统的执行时间与在并行系统的执行时间的比值，加速比的上限取决于模型并行求解的程度。

1) 阿姆达尔定律 (Amdahl's law)

阿姆达尔 (Amdahl) 定律中加速比的计算如下：

$$S(p) = \frac{1}{f + (1-f)/p} \tag{6.25}$$

式中，p 是处理器个数；f 是程序中串行执行的比例。

对于如图 6.58 所示的由 5 个步骤组成的计算任务，假设每个步骤计算耗时 100 个单位时间，在一个具有 4 个处理器的系统上进行并行处理，其中步骤 2 和步骤 4 分为 4 个并行处理。

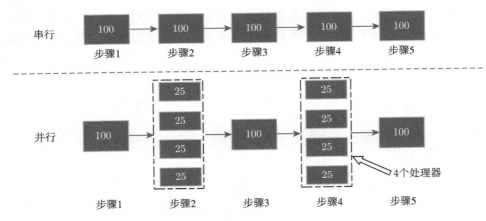

图 6.58　并行计算与串行计算的耗时对比

图 6.58 中串行比例 f=3/5=0.6，处理器个数 p 为 4，则该系统的加速比为

$$S(4) = \frac{1}{0.6 + (1-0.6)/4} = 1.429 \tag{6.26}$$

在极端情况下，假定并行处理器个数为无穷大，也就是说步骤 2 和步骤 4 的耗时为 0。即使这样，系统整体耗时依然大于 300，使用加速比计算公式，p 趋于

无穷大，有效加速比为 $1/f$，且 $f= 0.6$，固，有效加速比 $=1.67$，即加速比的极限为 $500/300=1.67$。

由此可见，为了提高系统的速度，仅仅增加 CPU 的数量并不一定能达到预期的效果。需要从根本上修改程序的串行行为，提高系统内可并行化的模块比例，在此基础上，合理增加并行处理器数量，才能以最小的投入得到最大的加速比。

2) 古斯塔夫森定律 (Gustafson's law)[23]

阿姆达尔定律指明了系统加速的极限，当串行化比例一定时，加速比是有上限的，不管堆叠多少个 CPU 参与计算，都不能突破上限。

添加越来越多的进程并没有充分利用所有进程的全部能力，因为最终它们能够处理的问题数量达到了下限。然而，如果问题的数量随着添加的进程数量的增加而增加，那么我们可以假设所有进程都利用到了最高水平，此时执行计算的加速比是无限的。

古斯塔夫森定律指出，虽然随着计算资源的增加，系统加速会出现边际效应递减的情况，但是系统在一定时间内可以完成的计算量却会大幅度增加，这种增加的趋势并不会因为系统资源变多而打折。

$$S(p) = p - (p-1)f \tag{6.27}$$

式中，p 是处理器个数；f 是程序中串行执行的比例。

3) 通信成本

古斯塔夫森定律意味着能添加到进程中的资源是限制计算能力的因素之一。但是对于局域网分布式的并行系统，通信必然影响整体任务的计算速度。

考虑在并行进程中由所需的通信和同步所主导的系统开销，并将其描述为计算时间的正比例函数，即进程数量增加时，通信量也会增加，计算加速比可以表示如下：

$$S(p) = \frac{1}{f + (1-f)/p + c \cdot F(p)} \tag{6.28}$$

式中，p 是处理器个数；f 是程序中串行执行的比例；$c \cdot F(p)$ 是多核处理的通信时间消耗；c 是常数，一般取 0.0025(这个常数在不同的问题和平台之间会有所不同)；$F(p)$ 是关于处理器个数 p 的函数，根据系统通信网络复杂度，一般可分为 p 的一次函数、二次函数、根方函数和取对数函数。

8. 并行仿真实例

在微波光子系统的仿真中，由于链路计算以模型排序为前提，因此整个系统仿真为串行实现。分布式调度框架支持的并行颗粒度在链路仿真之上，使得进一步仿真提速遇到瓶颈。必须在模型计算的颗粒度层级采取并行处理。由于宽带微波光子阵列链路系统的仿真是时域信号流仿真，系统链路层级多、拓扑交织错节、模型单元多、传输端口错综复杂，不适合以空间分解的方式分解任务；仿真过程则按时间周期以节拍形式推进，而时间周期没有前后关联性，故本书采用按时间节拍进行时域分解的方式，将仿真实验项目划分为多个不同时间节拍段子任务，配合均衡策略分配给多个处理节点，以并行处理各个子任务。

仿真并行方式可分为部分并行仿真和完全并行仿真两类。完全并行仿真是直接从问题出发，抽取问题本身的并行性，从而将计算完全分布到所有的处理器上。而部分并行仿真 [8] 是将多个串行仿真任务中的计算量大、耗时长的部分划分为多个子任务分配到多个处理器 (从节点) 来计算，然后各个节点的计算结果融合汇集到主节点上，由主节点控制其他部分串行计算。

考虑到在实际多种链路仿真实验中，不同的系统链路复杂程度不同，对于拓扑复杂、模型数量大、计算耗时长的链路需要进行任务分解，部署到多个子节点处理器上进行分布式并行计算，以达到快速完成大量的仿真任务的目的；对于拓扑简单、模型数量不大、计算耗时短的链路，不需要进行任务分解，故在多链路串行仿真中，采用部分并行仿真的模式，其示意图如图 6.59 所示。

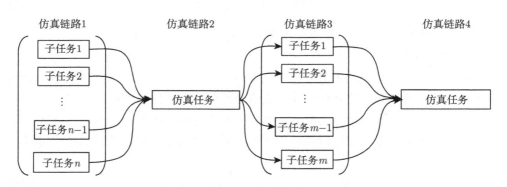

图 6.59　任务分解后串并结合仿真实现

根据上述对整体链路的分解思路，设计了串并结合的微波光子阵列系统仿真模型，如图 6.60 所示。该系统包含接收子链路、处理子链路、生成子链路、发射子链路。其中，接收子链路 (图 6.42) 和发射子链路 (图 6.60) 具有 64 路信道，由器件、组件、模块等多层级模型组成，模型数量超过 400 个。由于仿真过程中模型的数据吞吐量较大，且整个链路中模型规模也较大，完成一次常规单节拍 (10000 个数据点) 仿真约需 18s 的时间。这使得要满足对真实雷达信号的描述与处理

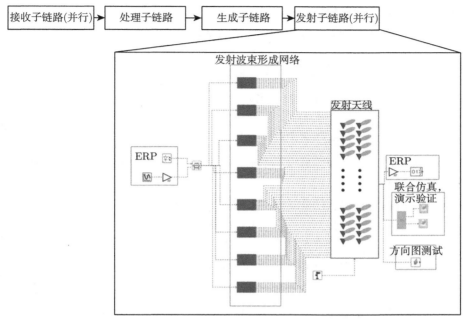

图 6.60 任务分解后串并结合仿真实现

(需要处理至少 10^5 个节拍), 常规串行仿真在时间效率上难以接受, 必须通过并行仿真的方法来加速计算过程。

根据图 6.59 所示, 接收子链路和发射子链路仿真 1 万拍, 处理与生成链路仅执行 1 拍。那么在单次执行的情况, 接收子链路仿真耗时约 13s, 处理子链路仿真耗时约 6s, 生成子链路单拍仿真耗时约 10s, 发射子链路仿真耗时约 5s, 则整个链路系统在串行配置情况下, 全链路仿真耗时约 63h。调整为分布式并行仿真框架, 部署 5 台高性能工作站运算节点, 每个节点分配 40 个进程进行部分并行仿真, 理论上可将仿真计算时间缩短到 30min 以内。但由于子任务的数据通信和融合耗时等因素, 整个仿真耗时控制在 40min 以内, 实验耗时记录对比如表 6.6 所示。可以看出, 经过分布式并行计算, 微波光子阵列系统链路的仿真效率与串行仿真相比, 提升近两个数量级。如果增加计算节点, 仿真效率还能继续提升, 但是随着任务节点增多, 节点之间的数据通信耗时也将增加。

表 6.6 微波光子阵列链路系统仿真耗时对比

仿真运行模式	接收链路	处理链路	生成链路	发射链路	数据通信耗时	系统总耗时
串行运行	约 36h	6s	5s	约 27h	忽略	约 63h
分布式并行	15min	6s	5s	10min	15min	约 40min

计算本实例的仿真加速比过程描述如下。

总处理器个数为 200，整个链路中串行的部分占比为

$$f = \frac{6+5}{130000+6+100000+5} = 4.78 \times 10^{-5} \tag{6.29}$$

按照阿姆达尔定律，理论加速比为

$$S(200) = \frac{1}{4.78 \times 10^{-5} + (1 - 4.78 \times 10^{-5})/200} = 198.1 \tag{6.30}$$

按照古斯塔夫森定律，将 $p = 200$、$f = 4.78 \times 10^{-5}$ 代入式 (6.27) 中计算理论加速比为 199.9。

而通过仿真实验得到的实际加速比为

$$S(p) = \frac{63 \times 60}{40} = 94.5 \tag{6.31}$$

实际加速比小于理论计算值，其主要原因在于实际仿真过程中，数据传输所消耗的时间会随着分布式节点的增多而增加。

从分布式并行与传统串行执行时间的对比可见，针对大规模系统链路，采用分布式并行方式可有效提高仿真效率。其效率提高的原因分析如下。

(1) 在任务层级，通过均衡算法来分配每个计算节点可执行的仿真任务数量。针对接收链路执行任务 A，需要顺序执行的节拍数为 M，节拍设置为 $0 \sim M$，步进取 1。当分配的可用节点数为 N 时，可分配子任务为 $\{A_i\}$，$1 < i < N$。当 $M > N$时，每个子任务执行的节拍范围可由式 (6.32) 得到

$$N_{Ai} = \begin{cases} \dfrac{M}{N}, & 1 < i < N \\ M - iN, & i = N \end{cases} \tag{6.32}$$

式中，N_{Ai} 为在第 i 个节点上部署并行执行任务 A 的数量。由于每个仿真执行步骤的仿真时间可认为是各个模型执行时间之和，假设组成链路的模型个数为 p，链路中第 i 个模型的仿真耗时为 T_{mdl_i}，则完成一拍链路计算的耗时为 $T_{\text{stepElaps}} = \sum_{i=1}^{p} T_{\text{mdl}_i}$。因此在忽略模型间数据通信时间的情况下，可估计采用分布式并行模式时，仿真总时间估计公式如下：

$$T_{\text{para}} = \max \left\{ N_{Ai} \cdot \sum_{i=1}^{p} T_{\text{mdl}_i} \right\} \tag{6.33}$$

而串行计算时，仿真总时间估计公式如下：

$$T_{\text{seq}} = \sum_{i=1}^{M} \left(\sum_{i=1}^{p} T_{\text{mdl}_i} \right) \tag{6.34}$$

可见并行计算的仿真总时间取决于耗时最长的仿真节点上运行的仿真子任务。而分布式的好处是并行资源可线性扩展，因此理论上系统规模越大，越能体现出并行化后的效率改善。

(2) 采用数据读写与模型计算异步处理模式，进一步提高仿真效率。在系统链路中基于数据流进行仿真时，数据读写过程在具有此功能的模型内部完成，且一般通过内存进行数据传递。但在处理大规模数据生成时有内存耗尽的风险，尤其在处理微波光子系统时要将 ns 级产生的数据积累到 ms 级，依靠内存是不现实的。通过分析微波光子接收链路的特征，后续链路所需的数据通过引入若干个数据写组件实现。而数据写组件并不参与真正的链路计算，因此可将整个链路中的数据写组件的处理工作在另一个子线程中完成，进一步提升求解效率。整个处理流程如图 6.61 所示。

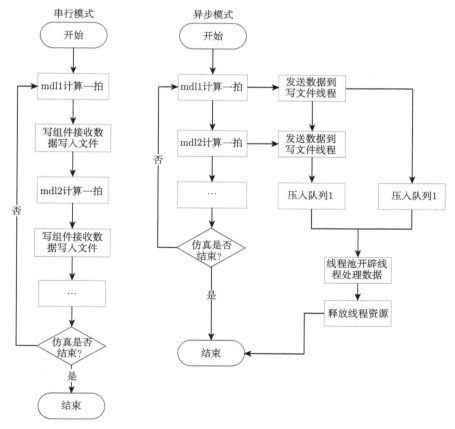

图 6.61 异步模式与串行模式数据处理对比

(3) 在模型级，一般认为通过封装调用第三方求解器进行单个模型的计算往往比通过源码编译后直接在统一进程中运行计算的效率低。因此要完成系统链路全系统协同、高效仿真并提高效率，就要将封装了第三方工具接口的模型进行转化。目前，降阶模型技术及响应面建模、神经网络建模等优化技术都是可选的技术途径。本实例中的模型均为 C++ 代码开发的，不存在上述问题。

6.3　本 章 小 结

本章详细阐述了微波光子异构模型封装方法和分布式并行计算方法，并通过实例重点介绍了光学器件、射频器件和阵列天线等模型的统一表征与描述方法，进而构建微波光子异构模型间的数据传输通道，完成多学科协同仿真。同时，通过微波光子系统仿真实例，阐述了跨域匹配与分布式并行计算在海量数据仿真中的重要意义，为提升多学科仿真效率提供方法和手段。

参 考 文 献

[1] Lee E A. 信息物理融合系统 (CPS) 设计、建模与仿真——基于 PtolemyⅡ 平台. 吴迪, 李仁发, 译. 北京: 机械工业出版社, 2017.

[2] 迟刚, 胡晓峰, 吴琳. 异构模型系统协同仿真与联合运行研究. 系统仿真学报, 2014, 26(11): 2704-2708.

[3] 王晓青, 王小军. 多学科优化技术及其算法. 导弹与航天运载技术, 2007(1): 23-26.

[4] Trottenberg U, Schüller A. The Fraunhofer institute for algorithms and scientific computing SCAI. Scientific Computing and Algorithms in Industrial Simulations, Schloss Birlinghoven, 2017: 361-376.

[5] 王琦, 丁运亮, 陈昊. 基于多级代理模型的优化算法. 南京航空航天大学学报, 2008, 40(4): 501-506.

[6] FMI for model exchange and cosimulation_v2.0. [2014-07-25]. https://fmistandard.org.

[7] Ludwig R, Bogdanov G. 射频电路设计——理论与应用. 2 版. 王子宇, 王心悦, 等译. 北京: 电子工业出版社, 2013.

[8] 肖田元, 范文慧. 连续系统建模与仿真. 北京: 电子工业出版社, 2010.

[9] Cormen T H, Leiserson C E, Rivest R L, et al. Introduction to Algorithms. 2nd ed. Cambridge: The MIT Press, 2001.

[10] Atallah M J. Algorithms and Theory of Computation Handbook. Boca Raton: CRC Press, 1990.

[11] Kruse R L, Ryba A J. Data Structures and Program Design in C++. Beijing: Higher Education Press, 2005.

[12] 丛爽. 面向 MATLAB 工具箱的神经网络理论与应用. 3 版. 合肥: 中国科学技术大学出版社, 2009.

[13] 王吉权. BP 神经网络的理论及其在农业机械化中的应用研究. 沈阳: 沈阳农业大学, 2011.

[14] 黄玉兰. 电磁场与微波技术. 2 版. 北京: 人民邮电出版社, 2012.

[15] 张光义, 赵玉洁. 相控阵雷达技术. 北京: 电子工业出版社, 2006.

[16] Fourer R, Ma J, Martin K. Optimization services: A framework for distributed optimization. Operations Research, 2010, 58(6): 1624-1636.

[17] Gehlsen B, Page B. A framework for distributed simulation optimization. Proceedings of the 33rd conference on Winter simulation, IEEE Computer Society, Arlington, 2001: 508-514.

[18] Yücesan E, Luo Y C, Chen C H, et al. Distributed web-based simulation experiments for optimization. Simulation Practice and Theory, 2001, 9(1): 73-90.

[19] Eldred M S, Hart W E, Schimel B D, et al. Multilevel parallelism for optimization on MP computers: Theory and experiment. Proceedings of the 8th AIAA/USAF/NASA/ISSMO Symposium on Multidisciplinary Analysis and Optimization, number AIAA-2000-4818, Long Beach, 2000.

[20] 任棕诜, 任雄伟. DDS 在分布式仿真中的应用探讨. 舰船电子工程, 2015, 35(11): 106-108, 164.

[21] 叶雄兵, 江敬灼, 曹志耀. 分布式仿真中保守同步算法的研究. 军事系统工程, 2000(1): 26-30.

[22] 郭彤城, 慕春棣. 基于网络的并行仿真和分布式仿真. 系统仿真学报, 2002, 14(5): 602-606.

[23] 周伟明. 多核计算与程序设计. 武汉: 华中科技大学出版社, 2009.

索　引